PATHOLOGISCH-ANATOMISCHE SEKTIONSMETHODE

NACH DEN GRUNDSÄTZEN DES PATHOLOGISCHEN INSTITUTES
DER PRAGER DEUTSCHEN UNIVERSITÄT

HERAUSGEGEBEN VON

Dr. BÉLA HALPERT

MIT EINEM GELEITWORT VON

PROF. Dr. A. GHON
VORSTAND DES INSTITUTES

VERLAG VON JULIUS SPRINGER IN WIEN 1924

ALLE RECHTE, INSBESONDERE DAS DER ÜBERSETZUNG IN
FREMDE SPRACHEN, VORBEHALTEN.

ISBN-13: 978-3-7091-5235-5   e-ISBN-13: 978-3-7091-5383-3
DOI: 10.1007/978-3-7091-5383-3

Geleitwort.

In der Frage, ob das Prinzip von Virchow oder das von Rokitansky als Grundlage für die Sektionsmethode richtiger sei, sind die Meinungen geteilt. Zweifellos haben beide Methoden ihre Vorzüge. Allein richtig ist es wohl, die Methode der Sektion jeweilig dem Fall anzupassen. Das geschieht auch im allgemeinen und begründet zum Teil die Unterschiede in den Sektionsmethoden, wie sie sich an verschiedenen Instituten ausgebildet haben.

Das pathologische Institut der deutschen Universität in Prag befürwortet die Anpassung der Sektionsmethode an den Fall mit dem Prinzipe von Rokitansky als Grundlage. Die Erfahrungen damit waren immer die besten und veranlaßten, die Methode der Sektion nach Organsystemen unter Berücksichtigung der regionären Lymphknoten und der Gefäße weiter auszubauen. Sie leistet uns in dieser Form gute Dienste und findet Anerkennung.

Dem vielfach geäußerten Wunsche, darüber zu berichten, konnte ich selber bisher nicht nachkommen, weshalb ich dem Vorschlage von Dr. Halpert gerne zustimmte, dies zu unternehmen, mit der Absicht, dabei auch die Anatomie mehr zu berücksichtigen und in anderer Weise, als es bisher in den Sektionsmethoden üblich war.

Prag, im Juni 1924.

Anton Ghon.

Inhaltsverzeichnis.

Kopf.

	Seite
I. Äußere Untersuchung.	1
II. Hautschnitt und Eröffnung des Schädels	2
III. Schädeldach, harte und weiche Hirnhaut	2
Calvaria	2
Dura mater	2
Leptomeninx	3
IV. Herausnahme des Gehirns	3
V. Äußere Untersuchung des Gehirns mit der weichen Hirnhaut	4
Cavum subarachnoideale	4
Circulus arteriosus [Willisi]	4
Basale Hirnfläche	5
Dorsolaterale Hirnfläche	6
Mediale Hemisphärenfläche.	7
VI. Sektion des Gehirns	7
Meditullium	7
Corpus callosum	7
Ventriculi laterales	8
Ventriculus tertius	8
Corpus pineale	9
Lamina quadrigemina	9
Stammganglien	9
Ventriculus quartus	9
Cerebellum	10
Nuclei cerebelli	11
Pedunculi cerebri	11
VII. Harte Hirnhaut, Eröffnung und Untersuchung ihrer Sinus	12
VIII. Hypophysis cerebri	12
IX. Paukenhöhle, Nasenhöhle mit ihren Nebenhöhlen, Rachendach	12
Cavum tympani	13
Nodi lymphatici auriculares	13
Fornix pharyngis	13

		Seite
Cavum nasi, Cavum oris		13
Cellulae ethmoidales		14
Sinus maxillaris		14
Sella turcica		14

Hals, Brust, Bauch und Becken.

I. Äußere Untersuchung 15
II. Hautschnitt und Eröffnung der Bauchhöhle 15
III. Untersuchung der Brustdrüse 16
IV. Eröffnung der Brusthöhle 16
V. Freilegung der Schilddrüse 16
VI. Glandula submandibularis, Lymphknoten, Carotisdrüse, Gefäße und Nerven 17
VII. Organe des vorderen Mediastinums 17
VIII. Gefäße, Lymphknoten und Nerven der Fossa supraclavicularis und axillaris 18
IX. Eröffnung und Untersuchung des Herzbeutels 18
X. Untersuchung der Pleurahöhle 18
XI. Bauch 19
    Paries ventralis abdominis 19
    Situs der oberen Baucheingeweide 19
    Situs der unteren Baucheingeweide 20
    Abtragung der Dünndarmschlingen 21
    Beckenorgane 21
    Herausnahme des Dickdarmes 21
    Situs der retroperitonealen Organe 22
XII. Herausnahme der Hals- und Brustorgane 22
XIII. Sektion der Hals- und Brustorgane 23
    Palatum molle, Tonsillae palatinae 23
    Lingua 24
    Glandula sublingualis und submandibularis, Lymphknoten 24
    Glandula thyreoidea 24
    Glandulae parathyreoideae 24
    Oesophagus 24
    Lymphknoten der herausgenommenen Brustorgane . 25
    Larynx, Trachea, Bronchi 25
    Herz.
        A. Äußere Untersuchung des Herzens 25
        B. Sektion des Herzens und der großen Gefäße . 26
            a) Cor dextrum 26
                Atrium dextrum 26

VI

	Seite
Ostium venosum dextrum	26
Ventriculus dexter	27
Ostium arteriosum dextrum	27
Arteria pulmonalis	27
b) Cor sinistrum	27
Atrium sinistrum	27
Ostium venosum sinistrum	27
Ventriculus sinister	28
Ostium arteriosum sinistrum	28
Aorta	28

Lungen.
    A. Äußere Untersuchung der Lungen 29
    B. Sektion der Lungen 29
        a) Linke Lunge 29
            Lobus superior 29
            Lobus inferior 29
        b) Rechte Lunge 29
            Lobus superior und medius . . . 29
            Lobus inferior 29

XIV. Herausnahme der oberen Baucheingeweide im Zusammenhang 29
XV. Sektion und Untersuchung der oberen Baucheingeweide . 30
    Lien 30
    Pancreas 30
    Hepar 31
    Porta hepatis 31
    Vesica fellea 31
    Gaster, Duodenum 32
    Eröffnung der Gallenwege 32
XVI. Herausnahme der Organe des Urogenitalsystems und der Nebennieren im Zusammenhang mit den großen Gefäßen 33
XVII. Sektion des Urogenitalsystems und der Nebennieren mit den großen Gefäßen 33
    Aorta abdominalis 33
    V. cava inferior 34
    Glandulae suprarenales 34
    Ren, Pelvis renalis, Ureter 34
    Vesica urinaria 35
    Urethra virilis 35
    Prostata 35
    Testis, Epididymis 35
    Funiculus spermaticus 36
    Vesiculae seminales 36
    Beim Weibe.
        Pudendum muliebre 36

	Seite
Ovarium	37
Tuba uterina [Falloppii]	37
Uterus und Vagina	37
XVIII. Sektion des Dick- und Dünndarmes	38
Rectum	38
Colon	38
Jejunum, Ileum	38
Nodi lymphatici mesenteriales	39
XIX. Untersuchung des Rückgrates und Beckens	39
Columna vertebralis	39
Pelvis	39
XX. Eröffnung des Wirbelkanals und Herausnahme und Untersuchung des Rückenmarkes	39
Spatium epidurale	40
Cavum subdurale	40
Medulla spinalis	40
Anhang: Sektionsbefunde	41

Kopf
(Caput).

I. Äußere Untersuchung.

Untersuchung des Gesichtes und Kopfes:
Kopfhaut und Gesichtshaut mit Behaarung:

Kopfhaare, Capilli — Bart, Barba — Schnurrbart, Mystax — Augenbrauen, Supercilia.

Auge: *Oculus*

Oberlid und Unterlid, Palpebra superior, Palpebra inferior, mit den Wimpern, Cilia. — Angulus oculi medialis, Angulus oculi lateralis. — Lidspalte, Rima palpebrarum. — Puncta lacrimalia. — Conjunctiva (C. bulbi, Fornix conjunctivae, C. palpebrarum). — Sclera und Cornea. — Iris (Margo ciliaris, Margo pupillaris) und Pupille.

Ohrmuschel (Auricula) mit dem Porus und Meatus acusticus externus: *Auricula*

Cartilago auriculae an ihrer Facies lateralis:

Helix, Scapha, Anthelix, Concha auriculae, Tragus (Ohrenhaare, Tragi), Incisura intertragica, Antitragus;

ihrer Facies medialis:

Eminentia scaphae, Eminentia conchae;

und dem Lobulus auriculae.

Nase mit ihrer sichtbaren Schleimhaut (Nasenhaare, *Nasus* Vibrissae):

Basis, Radix, Dorsum und Apex nasi. — Ala nasi. — Septum mobile nasi.

Mund: *Os*

Rima oris (Rubor labiorum), Angulus oris. — Labium superius (Sulcus nasolabialis). — Labium inferius (Sulcus mentalis). — Vestibulum oris. — Frenulum labii superioris, Frenulum labii inferioris. — Gingiva. — Dentes. — Cavum oris proprium mit der Zunge, Lingua.

II. Hautschnitt und Eröffnung des Schädels.

Cutis und Galea aponeurotica
Schnitt durch die Weichteile, Cutis und Galea aponeurotica, vom rechten Processus mastoideus über den Scheitel zum linken.

Abpräparieren der Kopfschwarte: nach vorne bis zum Margo supraorbitalis, nach hinten bis zur Protuberantia occipitalis externa. Untersuchung der Kopfschwarte sowie des Schädeldaches von außen. — Ablösung des Musculus temporalis.

Aufsägen des Schädels durch zirkulären Schnitt in einer Ebene, die unterhalb der Tubera frontalia und oberhalb der Protuberantia occipitalis externa liegt. — Verletzung der Dura mater und des Gehirns sollen dabei vermieden werden.

Zu beachten ist, daß der Schädel in der Schläfengegend (Regio temporalis) etwas dünner ist.

Absprengen des Schädeldaches, Calvaria, von der Basis cranii mit dem Quermeißel und Trennung von der Dura mater mit der geschlossenen Darmschere.

III. Schädeldach, harte und weiche Hirnhaut.

Calvaria Untersuchung der entfernten Calvaria:

Periost, Tabula externa, Diploe und Tabula interna mit den Foveolae granulares [PACCHIONI] entlang des Sulcus sagittalis sowie der Sulci arteriosi für die A. meningea media. — Nähte: Sutura sagittalis, Sutura coronalis und Sutura lambdoidea, ev. Nahtknochen, Ossa suturarum, und Schaltknochen, Ossa intercalaria.

Dura mater Untersuchung der harten Hirnhaut, Dura mater, an ihrer von der Calvaria abgelösten Fläche:

Sinus sagittalis superior, ihm entlang zu beiden Seiten die Granulationes arachnoideales [PACCHIONI], die rechte und linke A. meningea media und ihre Verzweigung.

Eröffnung des Sinus sagittalis superior mit dem Skalpell in occipito-frontaler Richtung und Untersuchung seines Inhaltes sowie der Mündungsstellen der Vv. cerebri superiores.

Durchschneiden der Dura mater mit der kleinen Schere in der Höhe des Sägeschnittes beiderseits vom vorderen Ende der Falx cerebri zu ihrem hinteren Ende.

Untersuchung der Dura mater an ihrer der Leptomeninx zugekehrten Fläche nach Abziehen der harten Hirnhaut von der Konvexität der rechten und linken Großhirnhemisphäre bis zur Falx cerebri.

Durchtrennung der Venen, Vv. cerebri superiores, an ihrer Einmündung in den Sinus sagittalis superior beiderseits sowie Freilegung der Falx cerebri mit dem Skalpell und Untersuchung.

Zu vermeiden ist: Durchreißen der Venen und Freilegung der Falx mit dem Finger wegen eventueller Knocheneinlagerungen in der Falx.

Durchtrennen der vorderen Insertionsstelle der Falx cerebri an der Crista galli und Herausziehen aus der Fissura longitudinalis cerebri.

Untersuchung der Leptomeninx und des Inhaltes des Cavum subarachnoidale an der freigewordenen Oberfläche beider Großhirnhemisphären.

Leptomeninx

IV. Herausnahme des Gehirns.

Vorsichtiges Aufheben beider Frontallappen, Lobus frontalis, mit der linken Hand und Abheben des Bulbus olfactorius von der Lamina cribrosa mit dem Skalpell.

Durchschneiden des Nervus opticus und der A. carotis interna am Foramen opticum und des Infundibulum an der Hypophyse.

Durchtrennung des Tentorium cerebelli entlang seiner Ansatzstelle am Os petrosum parallel dem Sinus petrosus superior: von hinten nach vorne, zuerst links, dann rechts.

Durchtrennung der Hirnnerven beiderseits mit der kleinen Schere nahe an der Dura mater:

N. oculomotorius (III), — N. trochlearis (IV), — N. trigeminus (V), alle drei nahe an der Sella turcica; — N. abducens (VI), medial vom Trigeminus; — N. facialis (VII) und N. intermedius sowie N. acusticus (VIII) am Porus acusticus internus; — N. glossopharyngeus (IX), N. vagus (X) und N. accessorius (XI) am Foramen jugulare; — N. hypoglossus (XII) am Canalis nervi hypoglossi.

Durchtrennung der Arteria vertebralis beiderseits und Durchschneiden der Medulla spinalis im Canalis vertebralis so tief als ein horizontaler Schnitt noch möglich ist.

V. Äußere Untersuchung des Gehirns mit der weichen Hirnhaut.

Cavum subarachnoideale Untersuchung der weichen Hirnhaut, Leptomeninx (Arachnoidea + Pia mater), und des Inhaltes des Cavum subarachnoideale an der Basis des Gehirns:

Cisterna chiasmatis, die nach vorne in die Cisterna laminae terminalis und weiter in die Cisterna corporis callosi, nach den Seiten in die Cisterna cerebri lateralis [SYLVII], nach hinten in die Cisterna interpeduncularis übergeht. Ihr schließen sich an: die Cisterna ambiens um die Pedunculi cerebri, — die Cisterna pontis um die A. basilaris, — die Cisterna cerebellomedullaris zwischen Kleinhirn und Medulla oblongata.

Circulus arteriosus [Willisi] Freilegung und Untersuchung des Circulus arteriosus [WILLISI] und der übrigen Hirngefäße:

Circulus arteriosus [WILLISI] heißt der arterielle Ring, der vom System der Carotiden und System der Vertebrales gebildet und durch die rechte und linke A. communicans posterior geschlossen wird.

Rechte und linke A. vertebralis mit ihren Ästen:

A. spinalis anterior; — Aa. spinales posteriores (2); — rechte und linke A. cerebelli inferior posterior.

A. basilaris, nach Vereinigung der Aa. vertebrales am hinteren Rande der Hirnbrücke, mit ihren Ästen:

A. cerebelli inferior anterior beiderseits; — Rami ad pontem; — rechte und linke A. auditiva interna; — A. cerebelli superior und A. cerebri posterior rechts und links.

Rechte und linke A. communicans posterior, die die A. cerebri posterior mit der A. carotis interna verbindet und kleine Äste zur Hypophyse abgibt.

A. carotis interna, die fast das ganze Großhirn, Cerebrum (Prosencephalon + Mesencephalon), versorgt, mit ihren Ästen:

Rechte und linke A. cerebri media, der stärkste Ast der A. carotis interna, die in die Fissura cerebri lateralis

[SYLVII] zieht; — rechte und linke A. chorioidea (dünn), die sich in die Fissura chorioidea einsenkt und den Plexus chorioideus des entsprechenden Seitenventrikels bildet; — rechte und linke A. cerebri anterior, die durch die A. communicans anterior miteinander verbunden sind und im Sulcus corporis callosi knapp oberhalb des Corpus callosum an der medialen Hemisphärenfläche weiterziehen.

Von ihr entspringen gleich nach dem Abgange die kurzen und langen Zentralarterien: die langen ziehen parallel zum Stamm nach rückwärts, senken sich in die Substantia perforata anterior ein und versorgen das Caput nuclei caudati, die Pars frontalis capsulae internae und die vorderen Teile des Nucleus lentiformis (symmetrische Erweichungsherde bei Kohlenoxydvergiftung in ihrem Versorgungsgebiet).

Auf Anomalien der Glieder des Circulus arteriosus [WILLISI] ist zu achten.

Untersuchung des Gehirns an seiner basalen, dorso-lateralen und medialen Oberfläche.

An der basalen Hirnfläche: — Gyri und Sulci orbitales, — Gyrus rectus und Sulcus olfactorius im Bereiche des Frontallappens. — Bulbus und Tractus olfactorius mit der Stria olfactoria medialis, intermedia und lateralis sowie dem Trigonum olfactorium; Substantia perforata anterior im Bereiche des Riechlappens. — Nn. optici mit dem Chiasma opticum, Tractus opticus und Corpus geniculatum laterale, das zum primären Sehzentrum gehört. — Tuber cinereum mit dem Infundibulum. — Corpora mamillaria. — Pedunculi cerebri; Fossa interpeduncularis [TARINI] mit der Substantia perforata posterior und dem Sulcus nervi oculomotorii, d. i. der Stelle, wo der N. oculomotorius die Hirnoberfläche erreicht. — Pons und Brachia . pontis mit dem N. trigeminus an der Grenze beider. — Kleinhirn-Brückenwinkel mit der Austrittstelle des N. facialis, N. intermedius und N. acusticus und mit dem Plexus chorioideus ventriculi IV. („Blumenkörbchen" von BOCH-

Basale Hirnfläche

DALEK), der durch die Apertura lateralis ventriculi quarti [Foramen KEY-RETZII] hinter dem Flocculus zur Oberfläche tritt.

Medulla oblongata mit: der Fissura mediana anterior; der Pyramide beiderseits und ihrer Decussatio; der Olive beiderseits und der Austrittstelle des N. hypoglossus in der Furche zwischen Olive und Pyramide — Sulcus parolivaris anterior — sowie der Austrittstelle des N. abducens am cranialen Ende der Furche; den gemeinsamen Austrittstellen des N. glossopharyngeus und N. vagus dorsal von der Olive neben dem Sulcus parolivaris posterior und der Austrittstelle des N. accessorius caudal davon.

Zwischen Pedunculus cerebri und Gyrus hippocampi verschwindet die A. chorioidea, um sich in die Fissura chorioidea zur Versorgung des Plexus chorioideus des Seitenventrikels einzusenken. — Lateral vom Gyrus hippocampi und seinem Uncus (Riechzentrum), getrennt durch die Fissura collateralis, der Gyrus fusiformis, den der Sulcus temporalis inferior vom Gyrus temporalis inferior [T_{III}] scheidet; dieser greift auf die dorso-laterale Hirnfläche über und gehört mit dem Sulcus temporalis medius, dem Gyrus temporalis medius [T_{II}], dem Sulcus temporalis superior und dem Gyrus temporalis superior [T_I] (sensorisches Sprachzentrum [WERNICKE]) zum Lobus temporalis, der durch die Fissura cerebri lateralis [SYLVII] vom Lobus frontalis und Lobus parietalis getrennt ist.

Dorsolaterale Hirnfläche
An der dorso-lateralen Hirnfläche liegt vor dem Sulcus centralis [ROLANDI] der Lobus frontalis. Dieser umfaßt den:

Gyrus centralis anterior (motorische Zentren der Pyramidenbahn); Gyrus frontalis superior [F_I] und Sulcus frontalis superior; Gyrus frontalis medius [F_{II}] und Sulcus frontalis inferior; Gyrus frontalis inferior [F_{III}] mit seiner Pars orbitalis, Pars triangularis und Pars opercularis (motorisches, BROCAsches, Sprachzentrum). —

Hinter dem Sulcus centralis [ROLANDI] reicht der **Lobus parietalis** bis zur Fissura parieto-occipitalis und umfaßt den: Gyrus centralis posterior (sensorische Zentren entsprechend den motorischen im Gyrus centralis anterior), den Lobulus parietalis superior oberhalb des Sulcus interparietalis (Interparietalstreifen [ELLIOT SMITH], PÖTZLsches Zentrum); den Lobulus parietalis inferior mit dem Gyrus supramarginalis und Gyrus angularis unterhalb des Sulcus. — Die Gyri und Sulci occipitales des **Lobus occipitalis** liegen hinter der Fissura parietooccipitalis an der dorsolateralen Fläche der Großhirnhemisphäre.

An der **medialen Hemisphärenfläche** sind hinter der Fissura parietooccipitalis: *(Mediale Hemisphärenfläche)*

der Gyrus lingualis und Cuneus, getrennt durch die Fissura calcarina (Sehzentrum). — Frontalwärts davon ist der Praecuneus, die Pars marginalis sulci cinguli und der mediale Anteil des Gyrus frontalis superior [F_I] mit dem Lobulus paracentralis; ihn trennt der Sulcus cinguli vom Gyrus cinguli, der durch den Isthmus gyri fornicati in den Gyrus hippocampi übergeht, mit dem zusammen er den Gyrus fornicatus bildet. Der Sulcus corporis callosi scheidet den Gyrus cinguli vom Corpus callosum.

VI. Sektion des Gehirns.

Schnitt durch die Großhirnhemisphären in der Fissura longitudinalis cerebri knapp über dem Corpus callosum nach außen und unten mit Eröffnung des Seitenventrikels (Ventriculus lateralis) beiderseits. *(Meditullium)*

Untersuchung der Schnittflächen der Großhirnhemisphären:

Substantia grisea und Substantia alba, deren Gesamtmasse Meditullium, deren Schnittfläche in der Balkenhöhe Centrum semiovale [VIEUSSENII] heißt.

Untersuchung des Balkens: *(Corpus callosum)*

Splenium, Truncus, Rostrum corporis callosi; Stria longitudinalis medialis und Stria longitudinalis lateralis beiderseits; Striae transversae.

Durchtrennung des Corpus callosum und des Crus fornicis über dem caudalen Anteil der Pars centralis des Seitenventrikels nach vorne und außen beiderseits unter Schonung der Tela chorioidea. — Vorsichtiges Abheben des Corpus callosum und Corpus fornicis von der Decke des 3. Ventrikels.

Ventriculi laterales Untersuchung der Seitenventrikel, Ventriculi laterales: Pars centralis (dem Lobus parietalis entsprechend) mit dem Nucleus caudatus, der Stria terminalis (V. terminalis), Lamina affixa und dem Plexus chorioideus des Seitenventrikels.

Cornu anterius (entsprechend dem Lobus frontalis) mit: Caput nuclei caudati, Septum pellucidum, Columna fornicis und Foramen interventriculare [MONROI] beiderseits.

Cornu posterius (entsprechend dem Lobus occipitalis) mit dem Calcar avis (entsprechend der Fissura calcarina).

Cornu inferius (entsprechend dem Lobus temporalis) mit: Glomus chorioideum (Fortsetzung des Plexus chorioideus des Seitenventrikels), Hippocampus (der Vorwölbung der Fissura hippocampi), Crus fornicis und seiner Fortsetzung, der Fimbria hippocampi bis zum Velum terminale [AEBY] nahe dem Uncus. — Auch der extraventrikulär gelegene Gyrus dentatus mit dem Uncusbändchen [Limbus GIACOMINI] ist aufzusuchen.

Ventriculus tertius Untersuchung der Tela chorioidea ventriculi tertii mit der rechten und linken Vena cerebri interna.

Sie entstehen aus der Vereinigung der V. septi pellucidi, V. chorioidea und V. terminalis (Geburtstrauma) hinter der Columna fornicis und vereinigen sich, nachdem sie das Dach des 3. Ventrikels durchzogen haben, in der Zirbelgegend mit der V. basalis [ROSENTHALI] zum kurzen Stamme der V. cerebri magna [GALENI], die in den Sinus rectus mündet.

Vorsichtiges Abheben der Tela chorioidea ventriculi tertii, Decke des 3. Ventrikels, in frontooccipitaler Richtung entlang der Stria medullaris thalami mit Zurücklassen der Taenia thalami. — Dabei Achtung auf das Corpus pineale. Untersuchung des 3. Ventrikels, Ventriculus tertius, dessen spaltförmiges Lumen durch die Massa intermedia unterbrochen ist und sich nach dem Infundibulum konisch verjüngt.

Untersuchung der **Zirbeldrüse**, Corpus pineale, mit der Habenula, Commissura habenularum und dem Recessus pinealis; der Commissura posterior; des Aditus ad aquaeductum [Sylvii]. *Corpus pineale*

Untersuchung des Pulvinar thalami, Corpus geniculatum laterale sowie des Colliculus superior der Lamina quadrigemina [**primäres Sehzentrum**] beiderseits; des Colliculus inferior sowie Corpus geniculatum mediale [**primäres Hörzentrum**] beiderseits. *Lamina quadrigemina*

Schnitt durch die Stammganglien, **Thalamus**, **Nucleus caudatus** und **Nucleus lentiformis**, in der Höhe der Stria medullaris und parallel dem Hemisphärenschnitt, also fast horizontal, bis zur grauen Substanz der Insula und Untersuchung der Schnittflächen: *Stammganglien*

Capsula interna mit ihrem Genu und ihrer Pars frontalis und Pars occipitalis. — Medial davon der Thalamus und Nucleus caudatus, lateral davon der Nucleus lentiformis mit dem medialen Globus pallidus und dem lateralen Putamen — Capsula externa — Claustrum — sogenannte Capsula extrema und graue Substanz der Insula.

Nucleus caudatus und Putamen werden als **Neostriatum** dem **Palaeostriatum**, das den Globus pallidus und Nucleus basalis umfaßt, gegenübergestellt. Neostriatum und Palaeostriatum bilden das **Striatum**.

Sagittaler Schnitt (Hirnmesser) durch die Vermis cerebelli zur Eröffnung und Untersuchung des 4. Ventrikels, Ventriculus quartus (Hohlraum des Rhombenencephalon): *Ventriculus quartus*

Fossa rhomboidea als Boden des 4. Ventrikels, durch den Sulcus medianus in eine rechte und linke Hälfte und durch die Striae medullares in einen vorderen und hinteren Abschnitt geteilt. — Sulcus limitans, der das Gebiet der motorischen Hirnnerven (Fortsetzung der Vordersäule des Rückenmarkes im Bereiche der Eminentia medialis) von dem der sensiblen Hirnnerven (Fortsetzung der Hintersäule des Rückenmarkes) trennt. — In der Eminentia medialis oberhalb der Striae medullares der Colliculus facialis, bedingt durch den Nucleus n.

abducentis (VI) und das Genu internum n. facialis (VII); in der Pars inferior am Ende der Eminentia das Trigonum n. hypoglossi (Kern von XII). — Lateral vom Sulcus limitans: im oberen Abschnitt (Pars superior) der Locus caeruleus; im mittleren Abschnitt (Pars intermedia) das Tuberculum acusticum, das mit den Striae medullares die Area acustica (VIII) bildet; im unteren Abschnitt (Pars inferior) die Ala cinerea (IX, X, XI).

Der kaudale Abschnitt der Fossa rhomboidea heißt Calamus scriptorius und wird vom rechten und linken Corpus restiforme umfaßt.

Die Mitte der Decke des 4. Ventrikels, das Fastigium, wird vom Kleinhirn gebildet. Zwischen beiden Brachia conjunctiva ist das Velum medullare anterius ausgespannt. Der kaudale Abschnitt der Ventrikeldecke ist das Velum medullare posterius, dem sich die Tela chorioidea anschließt. Diese ist dünn und reißt entlang der Taenia ventriculi quarti (Taenia calami [ZIEHEN]) ab. — Durch die rechte und linke Apertura lateralis und durch die Apertura mediana ventriculi quarti [Foramen MAGENDI] kommuniziert die Flüssigkeit der Hirnventrikel (Liquor encephalospinalis) mit der des Cavum subarachnoidale. Hinter dem Calamus scriptorius sind rechts und links von der Fissura mediana posterior: Clava und Fasciculus gracilis [GOLLI] — Sulcus intermedius posterior — Tuberculum cuneatum und Fasciculus cuneatus [BURDACHI] — Sulcus parolivaris posterior und Oliva.

Cerebellum Untersuchung der Verbindungen des Kleinhirns, Cerebellum, mit anderen Teilen des Gehirns:

Brachia conjunctiva (Crura cerebelli ad cerebrum). — Brachia pontis (Crura cerebelli ad pontem). — Corpora restiformia (Crura cerebelli ad medullam oblongatam).

Untersuchung der Schnittfläche der Vermis, Arbor vitae, und der beiden Kleinhirnhemisphären, Hemisphaeria cerebelli:

Vinculum lingulae ←⟪	*Lingula cerebelli* ⟫→	Vinculum lingulae
Ala lobuli centralis ←⟪	*Lobulus centralis* ⟫→	Ala lobuli centralis
Lobulus quadrangularis ←⟪	*Monticulus* ⟫→	Lobulus quadrangularis
Pars anterior ←⟪	*Culmen* ⟫→	Pars anterior
Pars posterior ←⟪	*Declive* ⟫→	Pars posterior
Lobulus semilunaris superior ←⟪	*Folium vermis* ⟫→	Lobulus semilunaris superior

Sulcus horizontalis cerebelli:

Lobulus semilunaris inferior ←⟪	*Tuber vermis* ⟫→	Lobulus semilunaris inferior
Lobulus biventer ←⟪	*Pyramis* ⟫→	Lobulus biventer
Tonsilla cerebelli ←⟪	*Uvula* ⟫→	Tonsilla cerebelli
Flocculus ←⟪	*Nodulus* ⟫→	Flocculus.

Schnitt durch die Kleinhirnhemisphäre beiderseits von der Mitte der Schnittfläche aus in der Richtung der Brachia conjunctiva zur Freilegung der grauen Kerne und Untersuchung der Schnittflächen: *Nucle cerebelli*

Cortex cerebelli — Substantia alba — Nucleus dentatus — Nucleus emboliformis — Nucleus globosus — Nucleus fastigii.

Schnitt durch den Pedunculus cerebri beiderseits knapp vor der Brücke und senkrecht zur Längsachse. Untersuchung der Schnittfläche: *Pedunculi cerebri*

Basis pedunculi mit dem Fasciculus corticospinalis (Pyramidenbahn). — Substantia nigra [SOEMMERINGI]. — Darüber das Tegmentum (mediale und laterale Lemniscusbahn) mit dem Nucleus ruber. — Aquaeductus cerebri [SYLVII].

Nucleus dentatus, Nucleus ruber, Nucleus hypothalamicus, Substantia nigra und Corpus Luysii bilden mit dem Striatum und den dazugehörigen Verbindungsfasern das sogenannte extrapyramidale motorische System.

VII. Harte Hirnhaut, Eröffnung und Untersuchung ihrer Sinus.

Besichtigung des Foramen occipitale magnum mit dem Stumpf der Medulla spinalis.

Untersuchung der Dura mater in der Fossa cranii anterior, media und posterior und Eröffnung ihrer Sinus: Vena cerebri magna [GALENI] an ihrer Mündungsstelle. — Sinus rectus. — Confluens sinuum. — Sinus transversus und Sinus sigmoideus beiderseits bis zum Foramen jugulare, wo er mit dem Bulbus (Bulbus superior venae jugularis internae) in die Vena jugularis interna übergeht. — Sinus cavernosus beiderseits, der mit dem Cavum MECKELI zur Freilegung des Ganglion GASSERI (V) mit der kleinen Schere eröffnet wird, indem man die Dura mater von der Stelle, wo der N. trigeminus (V) sie durchbohrt, nach der Sella turcica zu spaltet und sie vorsichtig mit dem Skalpell lateralwärts abpräpariert. — Damit sind auch freigelegt: A. carotis interna und die Nerven, die durch die Fissura orbitalis superior die Schädelhöhle verlassen, d. s. V_I, III, IV, VI. — Sinus intercavernosus anterior und posterior (Sinus circularis [RIDLEYI]), der die beiden Sinus cavernosi miteinander verbindet. — In den Sinus cavernosus münden: vorne die V. ophthalmica und der unscheinbare, oft fehlende Sinus sphenoparietalis (Sinus alae parvae); hinten der Sinus petrosus superior und Sinus petrosus inferior, der ihn mit dem Sinus sigmoideus verbindet.

VIII. Hypophysis cerebri.

Herausnahme und Untersuchung der Hypophyse, wenn sie nicht im Zusammenhang mit der Sella turcica und dem Rachendach erfolgen soll (siehe S. 14). — Abziehen der Dura mater von der Schädelbasis mit der Periostzange (bei Verdacht auf Fissuren, Frakturen).

IX. Paukenhöhle, Nasenhöhle mit ihren Nebenhöhlen, Rachendach.

Wo es genügt, nur die Stirnhöhlen, Siebbeinzellen und Keilbeinhöhlen anzusehen, können sie mit dem Meißel von der Schädelbasis aus eröffnet werden.

Ebenso kann das Cavum tympani durch Abtragen des Tegmen tympani mit dem Hohlmeißel eröffnet und untersucht werden: Schleimhaut; Gehörknöchelchen: Malleus, Stapes, Incus; Trommelfell, Membrana tympani. Cavum tympani

Soll hingegen die Nase mit ihren Nebenhöhlen nebst Rachendach sowie die Paukenhöhle und das innere Ohr genau untersucht werden, so kommt von den dafür angegebenen Methoden vor allem die Methode von GHON in Betracht (VIRCHOWS Archiv, Band 222, S. 250—259):

Verlängerung des Weichteilschnittes beiderseits bis zur Spitze des Processus mastoideus. — Untersuchung der Nodi lymphatici auriculares posteriores (regionär der Hinterfläche der Ohrmuschel und den benachbarten Hautbezirken). —

Durchtrennung des äußeren Gehörganges mit Abpräparieren der Weichteile vom Planum temporale bis zum Arcus zygomaticus und längs des Margo supraorbitalis bis zur Glabella.— Untersuchung der Nodi lymphatici auriculares inferiores (regionär dem Ohrläppchen) und der Nodi lymphatici parotidei superficiales und profundi (regionär der vorderen Fläche der Ohrmuschel, Nasenwurzel, Lider, Parotis und Zunge). *Nodi lymphatici auriculares*

Die Vasa efferentia der genannten Lymphknotengruppen führen mit denen der Nodi lymphatici submentales (regionär der Hinterhaupt- und Nackengegend) zu den Nodi lymphatici cervicales superficiales und profundae.

Frontalschnitt mit der Säge durch die Schädelbasis knapp vor dem Limbus sphenoidalis beginnend und gegen die Mitte des Arcus zygomaticus gerichtet mit Durchtrennung des Arcus und Eröffnung des Fornix pharyngis. *Fornix pharyngis*

Exartikulation der Mandibula.

Untersuchung des eröffneten Sinus sphenoidalis, der Tonsilla pharyngea, des Ostium pharyngeum tubae auditivae und der Choanen.

Sagittalschnitt mit der Säge durch die umgeklappte vordere Schädelhälfte zur Eröffnung der Stirnhöhle und Nasenhöhle in der Richtung der Crista galli, vorne bis zur Glabella, unten längs der Sutura palatina bis gegen den Canalis incisivus. *Cavum nasi Cavum oris*

Aufklappen der Nase, Abtragen des Septum nasi.

Untersuchung des Septum nasi und der lateralen Nasenwand: Concha nasalis superior; Meatus superior mit der Mündung der Bullae ethmoidales. — Concha nasalis media; Meatus medius mit den Ostien des Sinus frontalis und maxillaris. — Concha nasalis inferior; Meatus inferior mit der Mündung des Canalis nasolacrimalis.

Untersuchung des Palatum durum und Vestibulum oris; Raphe palati und Papilla incisiva (Organon vomeronasale [JACOBSONI]). — Zähne, Dentes (I_2, C_1, P_2, M_3) mit der Gingiva. — Wange, Mala, mit der Mündung des Ductus parotideus [STENONIS] an der Papilla salivalis superior in der Höhe des M_2.

Cellulae ethmoidales

Eröffnung der Cellulae ethmoidales beiderseits durch Sagittalschnitt mit der Säge parallel dem Septum längs des lateralen Randes der Lamina cribrosa und Untersuchung der Cellulae ethmoidales. Abtragung der Concha nasalis media und inferior zur Eröffnung und Untersuchung des Sinus maxillaris [Antrum HIGHMORI].

Sinus maxillaris

Sella turcica

Herausnahme der Sella turcica mit der Hypophyse und dem Fornix pharyngis:

Schnitt durch die hintere Hälfte der Schädelbasis mit der Säge von der Gegend der Fissura orbitalis superior über das Foramen lacerum (medial vom Porus acusticus internus) zum Foramen occipitale magnum beiderseits.

Oder:

Herausnahme der Sella turcica mit der Hypophyse, dem Fornix pharyngis und der Tuba auditiva unter Eröffnung des Cavum tympani und der Auris interna:

Frontaler Sägeschnitt durch die Schädelbasis parallel dem zuerst geführten Schnitt durch den vorderen Rand beider Pori acustici interni. — Untersuchung des Cavum tympani und eventuell der Auris interna.

Hals, Brust, Bauch und Becken (Collum, Thorax, Abdomen und Pelvis).

I. Äußere Untersuchung.

Untersuchung der Haut im Bereiche des Halses, der Brust mit den Brustdrüsen, Mammae:
Corpus mammae, Papilla mammae, Areola mammae (ev. Mammae accessoriae [muliebres et viriles]);
der Achselhöhle, Fossa axillaris (Achselhaare, Hirci);
und des Bauches:
Umbilicus. — Mons pubis (Schamhaare, Pubes).

II. Hautschnitt und Eröffnung der Bauchhöhle.

Längsschnitt in der Mittellinie vom Zungenbein (Os hyoideum) über Hals, Brust und Bauch, links vom Nabel (Umbilicus), zum medialen Drittel des linken Ligamentum inguinale [POUPARTI]. Der Schnitt durchtrennt die Haut mit der Fascia superficialis, am Abdomen auch die übrigen Schichten bis zum Peritonaeum. Querschnitt durch die Bauchwand knapp unterhalb des Umbilicus — und Eröffnung des Abdomens im Längsschnitt und dann im Querschnitt.

Untersuchung des Inhaltes der Peritonealhöhle, Cavum peritonaei (Liquor peritonaei).

Ablösen der Haut mit der Muskulatur vom Thorax — des M. pectoralis major mit seiner Pars costalis und Pars clavicularis — bis in die vordere Axillarlinie (Linea axillaris anterior) und der Haut des Halses mit Platysma, Fascia superficialis und M. sternocleidomastoideus — dessen Portio sternalis und Portio clavicularis am unteren Ansatz durchtrennt werden — mit dem unteren Bauch des M. omohyoideus unter Schonung der Halsgefäße, — bis zur Basis des Unterkiefers (Basis mandibulae).

III. Untersuchung der Brustdrüse.

Schnitt durch die Brustdrüse, Mamma, von innen her und Untersuchung der Schnittfläche:
Parenchym (Drüsengewebe) — Stroma (mit Fettgewebe).

IV. Eröffnung der Brusthöhle.

Schnitt (Knorpelmesser oder Säge) durch die Rippenknorpel, $\frac{1}{2}$ cm von der Knorpelknochengrenze, an der zweiten Rippe in der Höhe des Angulus sterni [LUDOVICI] beginnend, zuerst links, dann rechts.

Durchtrennung des Zwerchfellansatzes an den unteren Rippenknorpeln und am Sternum (Pars sternalis).

Ablösen des Sternums mit den Rippenknorpeln unter Abziehen vom Pericardium parietale, dem mediastinalen Gewebe und vom Thymus (Kind) oder thymischen Fettkörper.

Durchtrennung des ersten Rippenknorpels (oft verknöchert) in cranio-lateraler Richtung beiderseits.

Exartikulation des Manubrium sterni im Sternoklavikulargelenk (Articulatio sternoclavicularis) nach Durchtrennung der Gelenkkapsel in der Gelenklinie beiderseits.

Untersuchung des entfernten Sternums mit den Rippenknorpeln an der dorsalen Fläche:
M. transversus thoracis. — Vasa mammaria interna. — Nodi lymphatici sternales.

Untersuchung des Knochenmarkes im Sternum nach sagittaler Durchsägung in der Mitte.

Lösen und Abheben der Clavicula von der ersten Rippe nach Durchtrennung der Reste der Pars clavicularis des M. pectoralis major, des Ligamentum costoclaviculare und des M. subclavius beiderseits mit Schonung der V. subclavia.

V. Freilegung der Schilddrüse.

Freilegung der Schilddrüse, Glandula thyreoidea, durch Abtragen der Muskeln:
M. sternohyoideus, M. omohyoideus (venter superior), M. sternothyreoideus — beiderseits.

Untersuchung der Arterien der Schilddrüse:
A. thyreoidea superior (erster Ast der A. carotis externa)
— A. thyreoidea inferior (liegt dorsal von der A. carotis communis und stammt aus der A. subclavia via Truncus thyreocervicalis) der rechten und der linken Seite. — Eventuell A. thyreoidea ima [NEUGEBAUERI] aus dem Aortenbogen.

VI. Glandula submandibularis, Lymphknoten, Carotisdrüse, Gefäße und Nerven.

Freilegung der Glandula submandibularis und der Nodi lymphatici submentales und submandibulares sowie der Nodi lymphatici cervicales superficiales und profundi superiores entlang der Vagina vasorum cervicalium bis zum Angulus venosus beiderseits.

Freilegung der V. jugularis interna, der A. carotis communis bis zur Teilung in die A. carotis externa und A. carotis interna, in deren Winkel das Glomus caroticum liegt, sowie des N. vagus in der Scheide (Vagina vasorum cervicalium), der der Ramus descendens nervi hypoglossi aufliegt.

Untersuchung der Ganglien des Truncus sympathicus am cervicalen Anteil:

Ganglion cervicale superius (Ggl. fusiforme) — Ganglion cervicale medium (Ggl. thyreoideum) — Ganglion cervicale inferius, das mit dem Ganglion thoracale primum das Ganglion stellatum bildet (Sympathektomie).

VII. Organe des vorderen Mediastinums.

Untersuchung der Organe im vorderen Mediastinum (Mediastinum anterius):

Thymus (Kind) oder thymischer Fettkörper, die von der rechten Seite her unter Schonung der Lymphknoten und Venen vom Pericardium parietale abpräpariert werden. — N. phrenicus (Phrenikotomie) mit der A. pericardiacophrenica (aus der A. mammaria interna) beiderseits.

VIII. Gefäße, Lymphknoten und Nerven der Fossa supraclavicularis und axillaris.

Freilegung der V. anonyma sinistra, der V. thyreoidea ima mit dem Plexus thyreoideus impar und der V. anonyma dextra bis zum Angulus venosus beiderseits, sowie der V. subclavia beiderseits bis in die Fossa axillaris unter Freilegung und Untersuchung der Nodi lymphatici axillares, thoracales laterales und infraclaviculares, der Nodi lymphatici cervicales inferiores profundi, besonders der im Anonymawinkel und der im Angulus venosus beiderseits gelegenen sowie der Mündungsstelle des Ductus thoracicus im linken Angulus venosus.

Untersuchung des Plexus brachialis und der A. subclavia.

IX. Eröffnung und Untersuchung des Herzbeutels.

Eröffnung des Herzbeutels durch einen Schnitt in das Pericardium parietale entlang der V. cava superior und einen zweiten horizontalen Schnitt vom Ende des ersten gegen die Herzspitze und Untersuchung der Perikardialhöhle (Cavum pericardii) mit ihrem Inhalt (Liquor pericardii), des Pericardium parietale an seiner Innenfläche, des Herzens mit dem Pericardium viscerale (Epicardium) und der großen Gefäße:

    A. pulmonalis. — Aorta. — Vv. pulmonales. — V. cava inferior. — V. cava superior bis zum Anonymawinkel.

X. Untersuchung der Pleurahöhle.

Untersuchung der Pleurahöhle, Cavum pleurae, beiderseits mit ihrem Inhalt (Liquor pleurae). Dabei Untersuchung der Pleura parietalis und der darunter liegenden Gebilde,

    vor allem: Rippen, Costae, und ihre Verbindungen zur Wirbelsäule, Columna vertebralis; — Aa., Vv. und Nn. intercostales und der Organe des hinteren Mediastinums (Mediastinum posterius):

    Truneus sympathicus (pars thoracalis) mit seinen Ganglien. — Oesophagus mit dem N. vagus. — Aorta thoracalis. — V. hemiazygos (links). — V. azygos bis zur Mündung in die V. cava superior (rechts). — Ductus thoracicus.

XI. Bauch.

Untersuchung der vorderen Bauchwand (Paries ventralis abdominis), ihres Peritonaeums (Peritonaeum parietale) und der darunter liegenden Gebilde: **Paries ventralis abdominis**
   Umbilicus — Ligamentum teres hepatis (Rest der V. umbilicalis). — Plica umbilicalis media mit Ligamentum umbilicale medium (Rest des Urachus) — Plicae umbilicales laterales mit Ligamenta umbilicalia lateralia (Reste der Aa. umbilicales). — Plica epigastrica mit der Fovea inguinalis medialis und lateralis beiderseits (Bruchpforten für die Hernia inguinalis).

Untersuchung des Situs der oberen Baucheingeweide: **Situs der oberen Baucheingeweide**
   Leber mit dem Ligamentum falciforme hepatis, Ligamentum coronarium und Ligamentum triangulare sinistrum und dextrum, sowie ihrer unmittelbaren Zwerchfellverbindung (Facies adhaesiva).
   Gallenblase mit den Krümmungen am Hals und dem Ductus cysticus.
   Ligamentum hepatoduodenale mit Lymphknoten, Ductus choledochus, Vena portae und Arteria hepatica zwischen seinen Blättern.
   Foramen epiploicum [Winslowi] als Zugang zur Bursa omentalis.
   Ligamentum hepatogastricum mit seiner Pars tensa und Pars flaccida, das mit dem Ligamentum hepatogastricum das Omentum minus bildet. — Lymphknoten entlang der Curvatura minor ventriculi.
   Magen und Pars supramesocolica des Duodenums.
   Milz und ihre peritonealen Verbindungen: Ligamentum gastrolienale und Lig. phrenicolienale.
   Pars gastrocolica des Omentum majus zwischen Curvatura major ventriculi und Taenia omentalis des Colon transversum, die die Anastomose zwischen der A. gastroepiploica dextra und A. gastroepiploica sinistra enthält und dadurch

die A. hepatica communis — via A. gastroduodenalis — mit der A. lienalis verbindet.
Pancreas in situ.
Freilegung der V. portae an der Vereinigungsstelle der V. lienalis und V. mesenterica superior — nach Durchtrennung der Pars gastrocolica des Omentum majus und Eröffnung der Bursa omentalis.

Situs der unteren Baucheingeweide Besichtigung der unteren Baucheingeweide:
Pars libera des Omentum majus, die zunächst ausgebreitet, dann hinaufgeschlagen wird. — Lage der Schlingen des Dünndarmes, Intestinum tenue, des Caecum mit der Appendix, des Colon ascendens, der Flexura coli dextra (Verwachsungen), des Colon transversum, der Flexura coli sinistra (Verwachsungen), des Colon descendens und Colon sigmoideum.
Aufsuchen der Flexura duodenojejunalis nach Hinaufschlagen des Querkolon unter Anspannung des Mesocolon transversum. — Untersuchung des Recessus duodenojejunalis und der Plica duodenojejunalis, in der die V. mesenterica inferior läuft. — Freilegung des Musculus suspensorius duodeni [TREITZI].
Untersuchung der Dünndarmschlingen: mit ihren Gefäßen (Äste der A. u. V. mesenterica superior) und Lymphknoten im zugehörigen Mesenterium.

Dazu nimmt die linke Hand die erste Jejunumschlinge und umfaßt nach und nach das Mesenterium der übrigen Dünndarmschlingen, die ihr die rechte Hand reicht.
Besichtigung des Peritonaeum parietale rechts von der Radix mesenterii.

Dabei Achtung auf die Lymphknoten und Gefäße: A. ileocolica mit der A. appendicularis und A. colica dextra, ihrer Anastomose mit der A. colica media sowie der entsprechenden Venen.

Besichtigung der Pars inframesocolica dextra des Duodenums, die rechts von der Radix mesenterii gedeckt vom Mesocolon (Pars tecta [GROSSERI] oder Pars retromesocolica) bis zur Radix mesocolica reicht, und seiner Pars inframesocolica sinistra (d. i. die linke Hälfte der Pars horizontalis inferior, Flexura duodeni sinistra und die Pars ascendens duodeni) bis zur Flexura duodenojejunalis sowie des Peritonaeum parietale links von der Radix mesenterii. Dabei ist auf die Lymphknoten und Gefäße zu achten: die A. mesenterica inferior versorgt außer dem oberen Rectum (A. haemorrhoidalis superior) auch das Colon sigmoideum (Aa. sigmoideae) und Colon descendens, dessen Arterie, die A. colica sinistra, in der Gegend der Flexura coli sinistra mit der A. colica media in Anastomose tritt (Arcus RIOLANI) und so an der Blutversorgung des Querkolons (A. colica media aus der A. mesenterica superior) teilnimmt. — Achtung auch auf die entsprechenden Venen.

Untersuchung des Mesocolon transversum.

Dabei Achtung auf die Lymphknoten und Gefäße des Querkolons. — Die A. colica media ist Ast der A. mesenterica superior und versorgt den mittleren Teil des Querkolons bis an die beiden Flexuren, die aus der A. colica dextra (auch aus der A. mesenterica superior) resp. A. colica sinistra (aus der A. mesenterica inferior) ihr Blut erhalten.

Abklemmen des Jejunums knapp unterhalb der Flexura duodenojejunalis. — Durchtrennung der Jejunumschlinge zwischen den Klemmen und des Mesenteriums entlang der Radix mesenterii, die von der Höhe des zweiten Lumbalwirbels schräg zur rechten Fossa iliaca zieht. — Die Dünndarmschlingen werden aus der Bauchhöhle auf die rechte Seite gelegt. *Abtragung der Dünndarmschlingen*

Untersuchung der Organe des Beckens: *Beckenorgane*
Vesica urinaria. — Rectum. — Excavatio vesicorectalis (beim Mann). — Uterus mit Ligamentum teres uteri. — Ovarium. — Ligamentum ovarii proprium. — Tuba uterina [FALLOPII] mit der Mesosalpinx. — Excavatio vesicouterina und Excavatio rectouterina [DOUGLASI] und Plica rectouterina beiderseits (beim Weib).

Herausnahme des Dickdarms, Intestinum crassum: *Herausnahme des Dickdarms*
Durchtrennung des Colon sigmoideum nahe der Stelle, wo es sein freies Gekröse verliert. — Durchtrennung des Meso-

sigmoideum; Ablösen des Colon descendens bis zur Flexura coli sinistra; Durchtrennung des Ligamentum phrenicocolicum und des Mesocolon transversum längs der Radix mesocolica bis zur Flexura coli dextra und Ablösen des Colon ascendens mit unterstem Ileum, Caecum und Appendix.

Die Sektion des herausgenommenen Darmes kann sofort oder später erfolgen. (Siehe S. 38.)

Situs der retroperitonealen Organe

Freilegung der retroperitoneal gelegenen Organe und der Gefäße. Sie beginnt an der Teilungsstelle der Aorta abdominalis in die A. iliaca communis dextra und sinistra in der Höhe des IV. Lendenwirbels und umfaßt:

Die drei unpaarigen Äste:

A. mesenterica inferior, A. mesenterica superior, A. coeliaca, die erst später freigelegt wird und die oberen Baucheingeweide versorgt;

und die paarigen visceralen Äste der Aorta:

Aa. spermaticae internae, Aa. renales und eventuell die Aa. suprarenales mediae.

Die V. cava inferior

mit den Vv. renales, wovon die rechte in ihrer Zahl, die linke in ihrem Verlauf öfter Anomalien zeigt. — Vv. spermaticae internae.

Nebennieren, Glandulae suprarenales, mit ihren Gefäßen.

Nieren, Renes, mit ihrem Hilus.

Ureter bis zu seiner Mündung in die Harnblase rechts und links.

Teilung der A. iliaca communis in die A. iliaca externa und A. hypogastrica und die gleichnamigen Venen.

Lymphknoten entlang der großen Gefäße bis zur Cisterna chyli.

XII. Herausnahme der Hals- und Brustorgane.

Einstich entlang der Innenfläche des Angulus mandibulae durch den Mundboden in die Mundhöhle, Cavum oris, und Durchtrennung der Weichteile (M. digastricus, M. mylohyoideus,

M. geniohyoideus und M. genioglossus mit ihren Faszien und der Schleimhaut) entlang der Innenfläche des Corpus mandibulae unter sägendem Schnitt bis zur Mittellinie, rechts und links. — Nach Verbindung der beiden Schnittenden Herabziehen der gelösten Zunge mit der linken Hand. — Durchtrennung des weichen Gaumens (Palatum molle) an der Grenze zum harten Gaumen (Palatum durum) und Durchtrennung der hinteren Pharynxwand an der Grenze zwischen Pars nasalis und Pars oralis pharyngis. — Durchtrennung der großen Halsgefäße und Nerven beiderseits möglichst kranial, mindestens oberhalb der Carotisteilung.

Ablösung der Halseingeweide (mit dem Messer) von der Halswirbelsäule mit den Gefäßen, Lymphknoten und Nerven bis zur oberen Thoraxapertur (Apertura thoracis superior). — Durchtrennung der A. und V. vertebralis beiderseits. — Hervorwälzen der Lunge aus der Pleurahöhle bis zum Sichtbarwerden der Organe des hinteren Mediastinums und Durchtrennung der Pleura parietalis längs der Brustwirbelsäule: links zwischen Oesophagus und Truncus sympathicus, rechts zwischen V. azygos und Truncus sympathicus. — Anschließend Durchtrennung der A. und V. subclavia mit den Weichteilen entlang des inneren Randes der I. Rippe beiderseits. Abtrennung des Pericardium parietale vom Zwerchfell (Diaphragma) mit Zurücklassung der Pars diaphragmatica pericardii und Durchtrennung der Gebilde des hinteren Mediastinums knapp oberhalb des Zwerchfells. Herausnahme der Halsorgane im Zusammenhang mit den Brustorganen unter Abpräparieren der Gebilde des hinteren Mediastinums von der Wirbelsäule in kraniokaudaler Richtung.

XIII. Sektion der Hals- und Brustorgane.

Untersuchung der Uvula und des weichen Gaumens, des Arcus glossopalatinus und Arcus pharyngopalatinus mit der Fossa supratonsillaris und der Gaumentonsille (Tonsilla palatina) im Sinus tonsillaris beiderseits. — Durchtrennung des weichen Gaumens seitlich von der Uvula (rechts oder links). — Schnitt in der Längsachse der Tonsille und Untersuchung der Schnittfläche.

Palatum molle, Tonsillae palatinae

Lingua Untersuchung der Zunge, Lingua:

Dorsum linguae mit dem Sulcus medianus. — Papillae filiformes, Papillae fungiformes und am Margo lateralis die Papillae foliatae. — An der Grenze des Corpus zum Radix die V-förmige Reihe der Papillae vallatae mit dem Foramen caecum [MORGAGNII] im Winkel (Rest des embryonalen Ductus thyreoglossus). — Radix linguae mit den Folliculi linguales (Tonsilla lingualis). — Plica glossoepiglottica media und lateralis mit der Vallecula epiglottica dazwischen. — Facies inferior linguae mit dem Frenulum linguae und der Caruncula sublingualis. — Glandula lingualis anterior [BLANDINI-NUHNI].

Glandula sublingualis und submandibularis; Lymphknoten Untersuchung der Glandula sublingualis und der Glandula submandibularis von außen und auf ihrer Schnittfläche.

Untersuchung der Nodi lymphatici retropharyngei, die dem Pharynx und Naseninneren, der Tuba auditiva [EUSTACHII] und Paukenhöhlenschleimhaut regionär sind.

Untersuchung der Nodi lymphatici mediastinales posteriores um Aorta thoracalis und Oesophagus.

Glandula thyreoidea Untersuchung der Schilddrüse, Glandula thyreoidea, von außen:

Lobus dexter, Lobus sinister und Isthmus, eventuell auch Lobus pyramidalis.

Schnitt durch den rechten und linken Seitenlappen vom oberen Pol zum unteren Pol und Untersuchung der Schnittflächen.

Glandulae parathyreoideae Freilegung und Untersuchung der Epithelkörperchen [SANDSTRÖM], Glandulae parathyreoideae, beiderseits.

Sie liegen in der Rinne zwischen Oesophagus und der hinteren Kante des Seitenlappens der Schilddrüse, extrakapsulär, das obere oberhalb, das untere unterhalb der A. thyreoidea inferior. Anomalien der Lage nicht selten.

Oesophagus Eröffnung des unteren Pharynx (Pars laryngea pharyngis) und der Speiseröhre, Oesophagus, in der Mitte der dorsalen Fläche (mit der Schere) und Untersuchung.

Abpräparieren des Oesophagus von der Pars membranacea der Trachea bis zum Ringknorpel, Cartilago cricoidea.

Freilegung und Untersuchung der übrigen Lymphknoten der herausgenommenen Brustorgane: *Lymphknoten*

Nodi lymphatici paratracheales beiderseits. — Nodi lymphatici tracheobronchiales superiores beiderseits. — Nodi lymphatici tracheobronchiales inferiores in der Bifurkation. — Nodi lymphatici bronchopulmonales im Lungenhilus.

Untersuchung des Larynxeinganges: *Larynx, Trachea, Bronchi*

Aditus laryngis mit Epiglottis. — Plica aryepiglottica. — Incisura interarytaenoidea. — Rima glottidis mit Pars intermembranacea und Pars intercartilaginea.

Eröffnung der Trachea in der Mitte des Paries membranaceus (unterhalb der Cartilago cricoidea), des Bronchus dexter, Bronchus sinister und Untersuchung.

Eröffnung des Larynx in Fortsetzung des Trachealschnittes zur Incisura interarytenoidea und Untersuchung:

Plica ventricularis. — Plica vocalis (mit der Macula flava) und Ventriculus laryngis [MORGAGNII].

Herz.

A. Äußere Untersuchung des Herzens.

Untersuchung des Herzens von außen: *Cor*

Pericardium viscerale (Epicardium).

Ventriculus dexter mit dem Conus arteriosus und der A. pulmonalis, die an ihrem Abgange von der Auricula sinistra bedeckt ist. — Ventriculus sinister mit dem Apex cordis und der Aorta, bedeckt von der A. pulmonalis und Auricula dextra.

Atrium dextrum mit der Auricula dextra und der Mündung der V. cava superior und V. cava inferior. — Atrium sinistrum mit der Auricula sinistra und Mündung der Vv. pulmonales.

Untersuchung der eigenen Gefäße des Herzens:

A. coronaria cordis dextra im Sulcus coronarius mit dem Ramus marginalis entlang dem scharfen Rande des rechten Ventrikels und dem Ramus descendens posterior im Sulcus longitudinalis posterior. — A. coronaria cordis sinistra mit dem Ramus descendens anterior im Sulcus longitudinalis anterior und dem Ramus circumflexus, der im Sulcus coronarius zum Rand des linken Ventrikels zieht. — V. cordis magna, die den Ramus descendens anterior begleitet, im Sulcus coronarius nach Aufnahme der V. obliqua atrii sinistri [MARSHALLI] übergeht in den Sinus coronarius, der in den rechten Vorhof mündet, nachdem er die V. cordis media vom Sulcus longitudinalis posterior und die V. cordis parva vom hinteren rechten Anteil des Sulcus coronarius aufgenommen hat.

B. Sektion des Herzens und der großen Gefäße.

a) Cor dextrum:

I. Eröffnung des rechten Herzens:

Schnitt von der V. cava superior entlang des Vorhofes hinter der Auricula dextra durch das Ostium atrioventriculare dextrum in den rechten Ventrikel entlang seines Randes bis zur Spitze.

Atrium dextrum

α) Untersuchung des rechten Vorhofes:

Endocardium. — Mündung der V. cava superior, der V. cava inferior mit der Valvula v. cavae [EUSTACHII] und des Sinus coronarius mit der Valvula sinus coronarii [THEBESII] und den kleinen Venen in seiner Umgebung (Foramina venarum minimarum [THEBESII]). — Fossa ovalis am Septum atriorum mit dem Limbus fossae ovalis [VIEUSSENII]. — Auricula dextra. — Mm. pectinati.

Ostium venosum dextrum

β) Untersuchung des Ostium atrioventriculare dextrum (11—13 *cm* innerer Umfang) und seiner Klappe:

Valvula tricuspidalis mit dem Cuspis anterior, medialis und posterior, den Chordae tendineae und den Mm. papillares.

II. Eröffnung des Conus arteriosus und der A. pulmonalis:
Schnitt durch die vordere Wand des rechten Ventrikels vom kaudalen Ende des Vorhof-Kammerschnittes parallel dem Sulcus longitudinalis anterior hart am Septum, durch das Ostium arteriosum dextrum zwischen der vorderen und linken Klappe in den Stamm der A. pulmonalis und in den Ramus sinister.

α) Untersuchung des rechten Ventrikels: Ventriculus dexter

Endocardium. — Septum ventriculorum mit der Pars membranacea, Trabeculae carneae und Mm. papillares.

β) Untersuchung des Ostium arteriosum dextrum (8–9 cm) mit den Valvulae semilunares arteriae pulmonalis: Ostium arteriosum dextrum

Sinus VALSALVAE, Lunula (freier Rand), Nodulus, Schließungslinie und Basis. — Links am Septum die Valvula sinistra, rechts die Valvula anterior und in der Mitte die Valvula dextra.

γ) Untersuchung der A. pulmonalis: A. pulmonalis

Ramus dexter und Ramus sinister mit dem Ligamentum arteriosum (Rest des embryonalen Ductus arteriosus [BOTALLI]) bis zu ihrer Teilung.

Eröffnung und Untersuchung der V. cava superior und der V. anonyma, V. jugularis interna sowie V. subclavia beiderseits.

b) Cor sinistrum:

I. Eröffnung des linken Herzens:
Schnitt von der Mündung einer der beiden linken Pulmonalvenen durch den Vorhof hinter der Auricula sinistra durch das Ostium atrioventriculare sinistrum in den linken Ventrikel entlang seines Randes nahe zur Spitze.

α) Untersuchung des linken Vorhofes: Atrium sinistrum

Endocardium. — Mündung der Vv. pulmonales. — Septum atriorum mit der Valvula foraminis ovalis. — Auricula sinistra mit den Mm. pectinati.

β) Untersuchung des Ostium atrioventriculare sinistrum (10—11 cm) und seiner Klappe: Ostium venosum sinistrum

Valvula bicuspidalis (mitralis) mit dem Cuspis anterior und Cuspis posterior, den Chordae tendineae und den Mm. papillares.

II. Eröffnung der Aorta und ihrer Äste am Arcus aortae:

(1) Schnitt durch die vordere Wand des linken Ventrikels vom kaudalen Ende des Vorhof-Kammerschnittes parallel dem Sulcus longitudinalis anterior nahe dem Septum bis zum Sulcus coronarius.

(2) Nach Anspannen der A. pulmonalis durch Anziehen des Septum ventriculorum mit dem Conuszipfel Fortsetzung des Schnittes durch das Ostium arteriosum sinistrum unter Durchtrennung der A. pulmonalis senkrecht zur Längsachse oberhalb der Klappen bis zum Abgang der A. anonyma.

Ventriculus sinister

α) Untersuchung des linken Ventrikels:

Endocardium. — Septum ventriculorum mit der Pars membranacea. — Mm. papillares. — Trabeculae carneae. — Apex cordis.

Ostium arteriosum sinistrum

β) Untersuchung des Ostium arteriosum sinistrum (7—8 cm) und der Valvulae semilunares aortae:

Sinus VALSALVAE, Lunula, Nodulus, Schließungslinie und Basis. — Die Valvula dextra und im Sinus Abgang der A. coronaria cordis dextra, die Valvula sinistra und im Sinus Abgang der A. coronaria cordis sinistra, zwischen beiden die Valvula posterior.

Aorta

γ) Eröffnung und Untersuchung des Arcus aortae mit seinen Ästen und der Aorta thoracalis:

A. anonyma mit der A. subclavia dextra und A. carotis communis dextra bis zur Teilung; A. carotis communis sinistra und A. subclavia sinistra. — Isthmus aortae, Bulbus aortae thoracalis, Abgangsstellen der Aa. bronchiales und der rechten und linken Aa. intercostales.

Eröffnung und Untersuchung der Vv. pulmonales bis zum Hilus der Lungen.

Eröffnung und Untersuchung der eigenen Gefäße des Herzens (Arterien, Venen).

Lungen.

A. Äußere Untersuchung der Lungen.

Untersuchung der Lungen von außen: Pulmones
Hilus pulmonis an der Facies mediastinalis. — Margo anterior. — Facies costalis. — Apex pulmonis. — Basis pulmonis mit Facies diaphragmatica und Margo inferior. — Incisura interlobaris mit der Facies interlobaris: rechts zwischen Lobus superior und Lobus medius einerseits und Lobus medius und Lobus inferior anderseits — links zwischen Lobus superior und Lobus inferior.

B. Sektion der Lungen.

a) Linke Lunge:

α) Schnitt durch den Lobus superior der linken Lunge von der Lungenspitze zur Spitze der Lingula im ventralen Anteil seiner costalen Fläche gegen den Hilus.   Lobus superior

β) Schnitt durch den Lobus inferior der linken Lunge von seiner kranialen Spitze zur Basis, von der lateralen Fläche gegen den Hilus.   Lobus inferior

b) Rechte Lunge:

α) Schnitt durch den Lobus superior und Lobus medius der rechten Lunge von der Lungenspitze zur Basis des Mittellappens im ventralen Anteil ihrer costalen Fläche gegen den Hilus.   Lobus superior u. medius

β) Schnitt durch den Lobus inferior der rechten Lunge von seiner kranialen Spitze zur Basis, von der lateralen Fläche gegen den Hilus.   Lobus inferior

Untersuchung der Schnittflächen:

Parenchym (Luftgehalt), Interstitium mit Bronchien, Gefäßen und Lymphknoten.

XIV. Herausnahme der oberen Baucheingeweide im Zusammenhang.

Abpräparieren des Duodenums mit dem Pancreas, an der Pars horizontalis inferior duodeni beginnend, bis die Vena renalis sinistra im Winkel zwischen Aorta und dem Abgang der A. mesenterica superior („Aortenmesenterialwinkel") sichtbar wird.

Durchtrennung der A. mesenterica superior und der A. coeliaca hinter ihrem Abgang von der Aorta unter Schonung des Ganglion coeliacum.

Durchtrennung der Verbindungen der Milz mit dem Zwerchfell (Ligamentum phrenicolienale) und Abpräparieren des kaudalen Abschnittes des Pancreas unter Schonung der linken Niere und Nebenniere.

Umschneiden des Hiatus oesophageus unter Schonung der Aorta. Durchtrennung des Ligamentum falciforme hepatis, des linken Schenkels vom Ligamentum coronarium und des Lig. triangulare sinistrum.

Durchtrennung des Ligamentum triangulare dextrum und Abpräparieren der Leber vom Zwerchfell unter Schonung der rechten Niere und Nebenniere.

Umschneiden des Hiatus venae cavae inferioris und Durchtrennung der V. cava inferior knapp vor ihrem Eintritt in die Fossa venae cavae inferioris der Leber. Dabei Achtung auf die rechte Nebenniere.

XV. Sektion und Untersuchung der oberen Baucheingeweide.

Lien Untersuchung der Milz:

Facies diaphragmatica. — Hilus lienis. — Facies gastrica und Facies renalis. — Extremitas superior, Extremitas inferior. — Margo anterior, Margo posterior.

Schnitt in der Mitte der Facies diaphragmatica von der Extremitas superior zur Extremitas inferior gegen den Hilus und Untersuchung der Schnittfläche:

Trabeculae lienis. — Pulpa lienis. — Noduli lymphatici lienales [MALPIGHII]. — Gefäßdurchschnitte.

Freilegung und Untersuchung der A. lienalis an der Facies posterior des Pancreas und der V. lienalis, sowie der Nodi lymphatici pancreaticolienales.

Pancreas Untersuchung der Bauchspeicheldrüse:

Cauda pancreatis. — Corpus pancreatis mit der Facies anterior, posterior, inferior und dem Margo superior, anterior, posterior. — Caput pancreatis. — Tuber omentale. — Processus uncinatus.

Schnitt in der Facies anterior von der Cauda pancreatis zum Caput pancreatis und Untersuchung der Schnittfläche, des Ductus pancreaticus [WIRSUNGI] sowie des Ductus pancreaticus accessorius [SANTORINI].

Untersuchung der Leber: Hepar

Lobus hepatis dexter und Lobus hepatis sinister an der konvexen Fläche. — An der unteren Fläche außerdem der Lobus quadratus zwischen Fossa vesicae felleae, Fossa venae umbilicalis und Porta hepatis, sowie der Lobus caudatus [SPIGELI] mit dem Processus caudatus und Processus papillaris zwischen Fossa venae cavae, Fossa ductus venosi und Porta hepatis. — Margo anterior mit der Incisura vesicae felleae und Incisura umbilicalis.

Eröffnung der Vena cava inferior zur Besichtigung der Mündungsstellen der Vv. hepaticae.

Freilegung und Untersuchung der Porta hepatis: Porta hepatis

Ductus hepaticus mit dem Ramus dexter und Ramus sinister. — A. hepatica propria mit ihrem Ramus sinister zum Lobus sinister und Ramus dexter zum Lobus dexter mit der A. cystica zur Gallenblase (Achtung auf Anomalien). — V. portae mit dem Ligamentum venosum [ARANTII] zur V. cava inferior als Rest des embryonalen Ductus venosus [ARANTII] und dem Lig. teres hepatis zum Nabel als Rest der embryonalen V. umbilicalis (Vv. parumbilicales [SAPPEYI]). Eventuell Verfolgung der Äste der V. portae. — Nodi lymphatici hepatici.

Untersuchung der Gallenblase und der extrahepatischen Gallenwege: Vesica fellea

Fundus, Corpus und Collum vesicae felleae mit ihren Krümmungen und dem Ductus cysticus bis zu seinem Abgang vom Ductus hepaticus. — Ductus choledochus bis nahe zu seiner Mündung ins Duodenum. — Nodus lymphaticus vesicae felleae. — Verlauf der A. cystica und Nerven (Gefäßnervenbündel).

Gaster, Duodenum Eröffnung des Duodenums und des Magens
mit einem Schnitt vom kaudalen Ende des Duodenums entlang seiner konkaven Seite nahe dem Pancreas und entlang der Curvatura major ventriculi nahe der Ansatzstelle der Pars gastrocolica des großen Netzes über den Fundus bis zur Cardia,

und Untersuchung:

Cardia mit dem untersten Abschnitt des Oesophagus. — Fundus ventriculi, Magenstraße [WALDEYER] entlang der kleinen Kurvatur. — Pars pylorica mit der Valvula pylorica.

Pars horizontalis superior duodeni. — Pars descendens duodeni mit der Plica longitudinalis duodeni und mit der Papilla Vateri an ihrem kaudalen Ende (10 *cm* hinter der Valvula pylorica). — Mündung des Ductus choledochus und Ductus pancreaticus [WIRSUNGI]. — Papilla duodeni [SANTORINI] (Mündung des Ductus pancreaticus accessorius) 2 bis 3 *cm* oral von der Papilla Vateri. — Plicae circulares [KERKRINGI].

Eröffnung der Gallenwege Eröffnung der Gallenwege mit der Gallenblase und Untersuchung der Leber an ihrer Schnittfläche:

Einschnitt in den Ductus choledochus, bevor er in das Pancreas eintritt; sodann Eröffnung des Ductus choledochus und Ductus hepaticus mit seinen beiden Ästen, Ramus dexter und Ramus sinister, bis zum Eintritt in die Leber.

Eröffnung des Ductus cysticus von der Mündungsstelle aus, des Gallenblasenhalses und der Gallenblase, dabei Untersuchung auch der HEISTERschen Falten und des feinen Faltennetzes der Gallenblasenschleimhaut.

Schnitt durch die Leber über die Mitte der konvexen Fläche gegen die Porta hepatis und Untersuchung der Schnittfläche:

Lobuli hepatis mit der Vena centralis in der Mitte. — Ductus interlobulares, Vv. interlobulares, Rami arteriosi interlobulares.

XVI. Herausnahme der Organe des Urogenitalsystems und der Nebennieren im Zusammenhang mit den großen Gefäßen.

Freilegung des Funiculus spermaticus im Bereiche des Canalis inguinalis beiderseits.

Durchtrennung der A. und V. iliaca externa knapp vor ihrem Eintritt in die Lacuna vasorum (Bruchpforte für die Hernia femoralis).

Umschneiden des äußeren Genitales und des Anus in Verlängerung des Hautschnittes beim Manne unter Schonung des Funiculus spermaticus.

Abpräparieren des Mons pubis von Symphyse und Schambein bis zum Arcus pubis.

Ablösen der Beckenorgane subperitoneal von der Beckenwand mit stumpfer Hand vom Spatium praeperitoneale [RETZII] aus.

Durchtrennung der Weichteile des Beckenbodens nach Einstich am Arcus pubis entlang der Apertura pelvis inferior bis zum Os coccygis.

Durchtrennung der restlichen Verbindungen der Beckenorgane mit der Beckenwand unter Hochziehen des in das kleine Becken geschobenen äußeren Genitales zum Promontorium.

Abpräparieren der Niere mit der Nebenniere und ihren Gefäßen von der hinteren Bauchwand bis zur Wirbelsäule, sowie Durchtrennung der parietalen Äste der Aorta und der Vena cava inferior beiderseits.

Abpräparieren der Aorta abdominalis, der V. cava inferior und Vasa iliaca mit den Nodi lymphatici aortici von der Wirbelsäule unter Schonung des Ureters und der Vasa spermatica interna.

XVII. Sektion des Urogenitalsystems und der Nebennieren mit den großen Gefäßen.

Ausbreitung der herausgenommenen Organe auf der Korkplatte mit der ventralen Seite nach unten:

Eröffnung der Aorta abdominalis, der A. iliaca communis beiderseits und der A. iliaca externa und interna an der dorsalen Seite mit der Schere.

Aorta abdominalis

Untersuchung der eröffneten Arterien und der Mündungsstellen der drei großen unpaaren visceralen Äste der Aorta: A. coeliaca, A. mesenterica superior und A. mesenterica inferior.

Eröffnung und Untersuchung der A. renalis beiderseits von ihrem Abgang bis zum Hilus renalis sowie der A. suprarenalis inferior und der A. spermatica interna.

Freilegung des Hilus renalis mit dem Pelvis renalis und Ureter beiderseits.

Umlegen der Organe auf die dorsale Seite.

V. cava inferior
Eröffnung und Untersuchung der V. cava inferior und der Vv. iliacae communes von der ventralen Seite aus bis zu ihrer Kreuzung mit der Arterie.

Eröffnung und Untersuchung der V. renalis, der V. suprarenalis und der V. spermatica interna beiderseits.

Glandulae suprarenales
Untersuchung der Nebennieren:

An ihrer Facies anterior, Facies posterior und ihrer in der Fortsetzung der V. suprarenalis geführten Schnittfläche: Substantia corticalis, Substantia medullaris.

Ren, Pelvis renalis Ureter
Untersuchung der Nieren:

α) Schnitt durch die Niere von der Konvexität zum Hilus in kraniokaudaler Richtung,

dabei liegt die Niere in der linken Hohlhand, die sie am Hilus fixiert,

und Untersuchung der Schnittfläche:

Substantia corticalis (Nierenlabyrinth) und Substantia medullaris mit den Pyramides renales [MALPIGHII] und Columnae renales [BERTINI] — In der Rindensubstanz die Pars radiata (entsprechend den Processus medullares [FERREINI]) und Pars convoluta (Corpuscula renalis [MALPIGHII]). — Gefäße.

β) Eröffnung und Untersuchung des Nierenbeckens, Pelvis renalis, und des Ureters bis gegen die Harnblase beiderseits: Kuppen der Nierenpapillen mit der Area cribrosa (Foramina papillaria). — Calices minores, Calices majores, Pelvis renalis. — Ureter.

γ) Untersuchung der Nierenoberfläche nach Abziehen der Nierenkapsel mit der Tunica fibrosa:

Facies anterior und Facies posterior. — Extremitas superior und Extremitas inferior.

Eröffnung der Harnblase durch sagittalen Schnitt in der Mitte ihrer ventralen Seite vom Vertex vesicae aus bis zum Orificium urethrae internum und Untersuchung: *Vesica urinaria*

Vertex, Corpus und Fundus vesicae. — Trigonum vesicae [LIEUTAUDI], Orificium ureteris (rechtes und linkes), Uvula vesicae und Orificium urethrae internum.

Eröffnung der Harnröhre, Urethra, in der Fortsetzung des Blasenschnittes vom Orificium urethrae internum entlang dem Dorsum penis — bis zum Orificium urethrae externum und Untersuchung der: *Urethra virilis*

Pars prostatica urethrae mit dem Colliculus seminalis und der Mündung des rechten und linken Ductus ejaculatorius (und dem Homologon der Vagina des Weibes, Utriculus prostaticus).

Pars membranacea mit der Crista urethralis und Mündung der rechten und linken Glandula bulbourethralis [COWPERI].

Pars cavernosa (im Bereiche des Corpus cavernosum urethrae und der Glans penis) mit den Lacunae urethrales [MORGAGNII], der Fossa navicularis und dem Orificium urethrae externum zwischen den Labia urethrae.

Glans penis mit der Corona glandis (und Collum glandis); Praeputium mit dem Frenulum praeputii.

Untersuchung der Prostata an ihrer Oberfläche: *Prostata*

Basis prostatae, Apex prostatae, Facies anterior, Facies posterior.

Querschnitt durch die Mitte der Pars prostatica urethrae und der Prostata zur Untersuchung ihrer Schnittfläche:

Lobus dexter, Isthmus, Lobus sinister.

Untersuchung des Hodens und Nebenhodens, Testis und Epididymis, mit ihren Hüllen und des Samenstranges: *Testis, Epididymis,*

Funiculus spermaticus — Scrotum mit Raphe und Septum scroti; Tunica dartos; Fascia cremasterica [COOPERI] und M. cremaster; Tunica vaginalis communis testis et funiculi spermatici; Tunica vaginalis propria testis mit ihrer Lamina parietalis und Lamina visceralis. — Ligamentum epididymidis superius und Ligamentum epididymidis inferius. — Sinus epididymidis. — Appendix testis [MORGAGNII]. — Appendix epididymidis. — Paradidymis:

Testis: Extremitas superior, Extremitas inferior. — Facies medialis, Facies lateralis. — Margo anterior, Margo posterior.

Epididymis: Caput, Corpus, Cauda epididymidis.

Ductus deferens im Funiculus spermaticus.

Längsschnitt durch Testis und Epididymis und Untersuchung der Schnittfläche:

Parenchyma testis, Septula testis, Mediastinum testis [Corpus HIGHMORI], Tunica albuginea. — Lobuli epididymidis.

Vesiculae seminales — Freilegung der Samenbläschen, Vesiculae seminales, nach scharfer Trennung der Harnblase vom Rectum (beginnend mit der Durchtrennung des Peritonaeums am tiefsten Punkte der Excavatio vesicorectalis) und Untersuchung von außen und an der Schnittfläche.

Beim Weibe.

Pudendum muliebre — Untersuchung des äußeren Genitales (vor Eröffnung der Harnblase):

Labia majora mit Commissura labiorum anterior und Commissura labiorum posterior. — Clitoris mit Praeputium clitoridis, Glans clitoridis und Labia minora pudendi. — Orificium urethrae externum; Vestibulum vaginae, Orificium vaginae mit Hymen oder Carunculae hymenales; Mündung des rechten und linken Ductus paraurethralis nahe dem Orificium urethrae externum; Mündung der rechten und linken Glandula vestibularis major [BARTHOLINI] zu beiden Seiten des Orificium vaginae.

Untersuchung des Ovariums: *Ovarium*

Margo mesovaricus. — Extremitas tubaria, Extremitas uterina. — Margo liber. — Facies medialis, Facies lateralis. —(Folliculi oophori, Corpus luteum, Corpus albicans). — Ligamentum ovarii proprium.

Schnitt vom Margo liber zum Margo mesovaricus parallel beider Facies und Untersuchung der Schnittfläche: Folliculi oophori, Stroma ovarii, Hilus ovarii.

Untersuchung der Tuben und Mesosalpinx: *Tuba uterina*

Infundibulum tubae uterinae mit dem Ostium abdominale [Falloppii] und den Fimbriae tubae (Fimbria ovarica), Ampulla tubae und Isthmus tubae uterinae. — Mesosalpinx mit Epoophoron (Ductus epoophori longitudinalis [GARTNERI], Appendices vesiculosae [MORGAGNII] und Paroophoron.

Untersuchung des Uterus und der Vagina: *Uterus und Vagina*

α) Untersuchung des Uterus von außen:

Facies vesicalis. — Ligamentum teres uteri. — Facies intestinalis. — Rechter und linker Margo lateralis.

β) Eröffnung der Vagina entlang ihrer vorderen Wand bis zum Fornix vaginae (dabei Durchtrennung der Urethra und hinteren Wand der Harnblase in der Mitte) und Untersuchung der Vagina und der Portio vaginalis uteri:

Paries posterior mit den Rugae vaginales und Columna rugarum posterior, Paries anterior mit Rugae vaginales und Columna rugarum anterior; Fornix vaginae. — Portio vaginalis (cervicis uteri), Orificium externum uteri mit dem Labium anterius und Labium posterius.

Oder:

Untersuchung des Anus und Eröffnung des Rectums wie beim Manne. Abpräparieren des Rectums von der hinteren Wand der Vagina (beginnend mit der Durchtrennung des Peritonaeums am tiefsten Punkte der Excavatio rectouterina [DOUGLASI]), Eröffnung der Vagina entlang ihrer hinteren Wand bis zur Fornix vaginae und Untersuchung der Vagina und der Portio vaginalis uteri.

γ) Eröffnung des Uterus mit dem Hirnmesser durch medianen Sagittalschnitt vom Fundus uteri über das Corpus bis nahe der Cervix uteri und Untersuchung:

des Cavum uteri, des Ostium uterinum der rechten und linken Tube, des Orificium internum uteri.

δ) Eröffnung der Cervix uteri in der Richtung des ersten Schnittes vom Orificium externum uteri bis zum Orificium internum und Untersuchung des Canalis cervicis uteri:

Plicae palmatae der Schleimhaut.

Eröffnung beider Tuben, vom Ostium abdominale tubae angefangen und Untersuchung:

Plicae tubariae (ampullares, isthmicae).

XVIII. Sektion des Dick- und Dünndarmes.

Rectum Untersuchung des Anus, — Eröffnung des Rectums entlang seiner Hinterfläche und Untersuchung:

des Anulus haemorrhoidalis, der Sinus rectales [MORGAGNII] und der Plica transversalis recti [KOHLRAUSCHI].

Colon Eröffnung des Dickdarms vom kaudalen Ende angefangen entlang der Taenia libera bis zur Kuppe der Appendix und Untersuchung:

des Caecum und der Appendix:

Valvula ileocaecalis [BAUHINI] (Labium superius, Labium inferius, Frenulum dextrum und Frenulum sinistrum valvulae), Ostium et Valvula processus vermiformis;

des Colon ascendens, C. transversum, C. descendens und Colon sigmoideum:

Haustra coli, Taeniae coli (Taenia libera, T. omentalis, T. mesocolica), Appendices epiploicae an der Außenfläche; — Plicae semilunares coli, Noduli lymphatici solitarii an der Innenfläche. — Nodi lymphatici entlang des Mesocolonansatzes.

Jejunum, Ileum Eröffnung des Dünndarmes vom kaudalen Ende angefangen entlang und knapp neben dem Margo mesenterialis und Untersuchung:

des Ileum mit seiner mehr glatten Schleimhaut (Fehlen der Kerkringischen Falten), zahlreichen Noduli lymphatici

solitarii und Noduli lymphatici aggregati [PEYERI];
des Iejunum mit den immer höher werdenden Plicae
circulares [KERKRINGI].

Untersuchung der Lymphknoten zwischen den Blättern des
Mesenteriums:

an ihrer Oberfläche und an der Schnittfläche.

Nodi lymphatici mesenteriales

XIX. Untersuchung des Rückgrates und Beckens.

Untersuchung des Rückgrates, Columna vertebralis, an seiner
ventralen Seite im Ganzen, der einzelnen Wirbelkörper, Corpus
vertebrae, und der Knorpelscheiben, Fibrocartilagines inter-
vertebrales:

Columna vertebralis

Im Bereiche der 7 Halswirbel, Vertebrae cervicales —
der 12 Brustwirbel, Vertebrae thoracales — der 5 Lendenwirbel, Vertebrae lumbales. — Promontorium.

Untersuchung des Beckens: Pelvis

Os sacrum. — Rechtes und linkes Os coxae. — Rechte
und linke Articulatio sacroiliaca. — Symphysis ossium
pubis. — Pelvis major. — Linea terminalis. — Pelvis
minor. — Conjugata vera, Diameter transversa, Diameter obliqua.

XX. Eröffnung des Wirbelkanales, Herausnahme und· Untersuchung des Rückenmarkes.

Schnitt durch die Weichteile in der Mitte des Rückens entlang
der Processus spinosi des Rückgrates, unterhalb der Protuberantia occipitalis externa beginnend bis zum V. Lendenwirbel. — Abpräparieren der Weichteile (Haut mit Rücken-
muskeln und ihren Fascien) bis zum Knochen. — Durchtrennung
der Arcus vertebrae der Hals-, Brust- und Lendenwirbel
mit dem Rhachiotom oder dem Meissel und Entfernung
der abgetragenen Wirbelteile (Arcus vertebrae mit dem
Processus spinosus), Eröffnung des Wirbelkanales, Canalis
vertebralis.

Spatium epidurale — Untersuchung des Epiduralraumes zwischen Periost des Wirbelkanales und Dura mater spinalis:

Ganglia spinalia, Nervi spinales.

Cavum subdurale — Spaltung der Dura mater mit feiner kleiner Schere und Untersuchung des Liquor encephalospinalis im Cavum subdurale, — der Dura mater spinalis an ihrer Innenfläche und der Leptomeningen (Arachnoidea und Pia mater spinalis) des Rückenmarkes.

Medulla spinalis — Untersuchung des Rückenmarkes, Medulla spinalis, in situ und der intraduralen Teile der Spinalnerven:

Pars cervicalis mit der Intumescentia cervicalis; Radices anteriores und Radices posteriores der 8 Paar Halsnerven, Nervi cervicales. — Pars thoracalis, das Ursprungsgebiet der 12 Paar Nervi thoracales. — Pars lumbalis mit der Intumescentia lumbalis, dem Conus medullaris (Filum terminale) und Verlauf der Nerven zur Bildung der Cauda equina.

Herausnahme des Rückenmarkes mit der Dura mater spinalis nach Durchtrennung der Spinalnerven beiderseits und Ablösung der Dura mater vom eigentlichen Periost des Wirbelkanales.

Untersuchung des Rückenmarkes von außen:

Fissura mediana anterior, Funiculus anterior, Sulcus lateralis anterior, Funiculus lateralis, Sulcus lateralis posterior, Funiculus posterior, Sulcus medianus posterior;

und an der Schnittfläche (meist nach Härtung):

Substantia grisea mit dem Canalis centralis und der **Substantia alba**.

ANHANG
Sektionsbefunde.

Sektions-Nr.: *87—87*.	Datum: *29./I. 1921*.	Secant: *Prof. Ghon*.
Anstalt: *Allgemeines Krankenhaus*.	Abteilung: *II. mediz. Klinik Prof. Jaksch*.	

Namen: *S. S.* Alter: *53 a.* Beschäftigung: ? Datum des Todes: *28./I. 21, 5 Uhr p. m.*	Klinische Diagnose: *Anaemia perniciosa*.	Pathologisch-anatomische Diagnose: *Anaemia perniciosa*.

Allgemeine hochgradige Anämie.

Hämosiderose der Leber mit geringer zentraler Verfettung.

Umschriebene fettige Degeneration des Herzmuskels, besonders des linken Ventrikels, mit Dilatation beider Ventrikel.

Dunkelroter, etwas weicher Milztumor mäßigen Grades.

Himbeerfarbenes Knochenmark in den Röhrenknochen, im Sternum und in den Wirbelkörpern.

Geringe frische hämorrhagische Pachymeningitis interna.

Chronische katarrhalische Gastritis.

Geringe Atherosklerose.

Ein walnußgroßer angioplastischer Tumor in den zentralen Partien des Unterlappens der linken Lunge.

Einige bis erbsengroße Kalkherde nach Tuberkulose mit schiefriger Induration ihrer Umgebung in den hinteren oberen Partien des Oberlappens der linken Lunge.

Umschriebene adhäsive Pleuritis der linken Lungenspitze.

Umschriebene Verkalkung mit Induration einiger bronchopulmonaler und einiger oberer tracheobronchialer Lymphknoten der linken Seite.

Lipoidarme Nebennieren.

Obliteration des Wurmfortsatzes im distalen Teile.

Ein kirschkerngroßes intramurales Myom in der hinteren Wand des Fundus uteri. Ein kleinbohnengroßer zystischer Polyp der Cervix uteri.

Kleine gyrierte Ovarien.

Mikroskopisch:

Magen (pylorischer Anteil): Schleimhaut dünn, Drüsen spärlich, Tunica verbreitert und stark zellig infiltriert. Viele Russelkörperchen.

Ileum: Schleimhaut dünn, drüsenarm, in der Tunica viele Lymphozyten und Plasmazellen.

Leber: Hämosiderose, geringe zentrale Verfettung. Einige kleinste intraazinöse Blutungen.

Nieren: Obliterierte Glomeruli. Hämosiderose im Kanälchenepithel, vorwiegend in dem der Tubuli contorti. Interstitium verbreitert.

Herz: Verfettung und Fragmentierung.

Zunge: Starke Infiltration der Schleimhaut mit einkernigen und polymorphkernigen Leukozyten.

Nebennieren: Lipoidarm.

Kopfhaut: Infiltrate mit einkernigen Rundzellen um die Gefäße und Schweißdrüsenausführungsgänge.

Ovarium: Keine Primordialfollikel. Wand der Gefäße zum Teil hyalin und verdickt.

Lungentumor: Heterotypischer angioplastischer Tumor vom Typus eines Angiosarkoms.

Klinische Daten:

Anamnese: Mit 14 Jahren angeblich Chlorose. Mit 28 Jahren Nierenentzündung. Mit 30 Jahren künstlicher Abortus. Mit 48 Jahren Ikterus mit acholischem Stuhl. Mit 51 Jahren Venenentzündung am rechten Unterschenkel mit Fieber. Seither Magenbeschwerden mit bitterem Aufstoßen und zunehmende Blässe.

Blutbefund am 16. Jänner 1921:

Anisozytose, Poikilozytose, Megalozyten, wenig Normoblasten und Megaloblasten.

E —520.000
L — 4400
Hg — 13%
F. I. — 1·48
kl. Ly — 14
gr. Ly — 0·8%
Myeloblasten — 2·6%
Promyeloz. — 0·8%
Metamyeloz. — 0·4%
Polynucl. Leuk. — 79·6%
Eos. Leuk. — 1·0%
Reizungsform. — 0·6%
Thromboz. — 39.000.

Magen: Vollständige Achylie.

Sektions-Nr.: 45—	Datum: 18./II. 1923.	Secant: Prof. Ghon.
Anstalt: Findelanstalt.		Abteilung: Prof. Fischl.

Namen: H. V.	Klinische Diagnose:	Pathologisch-anatomische Diagnose:
Alter: 5 Mon. 26 Tg.	Tuberculosis miliaris. Primärherd im rechten Mittelfeld.	Meningitis tuberculosa.
Beschäftigung: —		
Datum d. Todes: 17./II. 23, 4 Uhr p. m.		

Eine kleinnußgroße, zum Teil glattwandige tuberkulöse Kaverne in der Spitze des Unterlappens der linken Lunge, in Verbindung mit dem Bronchus für diesen Lappenabschnitt. Käsige azinös-nodöse Tuberkulose: in dichter Aussaat in beiden Oberlappen und im Mittellappen der rechten Lunge mit Einschmelzung einzelner Herde; in weniger dichter Aussaat im linken Unterlappen; und in noch geringerer im rechten Unterlappen.

Zahlreiche stecknadelkopfgroße und einzelne größere tuberkulöse bullöse Emphysemherde in allen Lappen, besonders deutlich subpleural.

Tuberkulose der Pleura diaphragmatica mit miliaren und Konglomerattuberkeln links.

Tuberkulöse Lymphadenitis mit vollständiger Verkäsung der bis bohnengroßen bronchopulmonalen sowie der bis haselnußgroßen unteren und oberen tracheobronchialen Lymphknoten beiderseits.

Tuberkulöse Lymphadenitis mit vollständiger Verkäsung der bis überbohnengroßen Lymphknoten im Anonymawinkel und mit teilweiser Verkäsung einzelner bis über erbsengroßer unterer cervicaler Lymphknoten.

Tuberkulöse Lymphadenitis mit vollständiger und teilweiser Verkäsung der bis kleinbohnengroßen paratrachealen Lymphknoten beiderseits, besonders rechts.

Miliare Tuberkel in einem hanfkorngroßen Lymphknoten des linken Angulus venosus.

Tuberkulöse Lymphadenitis eines kleinhanfkorngroßen Lymphknotens in der Scheide der vorderen Fläche der Aorta ascendens.

Ein miliarer Tuberkel im Epikard der vorderen Fläche des linken Ventrikels.

Zahlreiche bis haselnußgroße käsige Konglomerattuberkel in beiden Großhirnhälften mit umschriebener tuberkulöser Leptomeningitis der Basis und der linken Mantelfläche.

Frische ulzeröse Tuberkulose der Rachentonsille und käsige Otitis media.

Tuberkulöse Lymphadenitis mit Verkäsung eines präaurikularen Lymphknotens rechts und der Lymphknoten um die Parotis beiderseits.

Tuberkulöse Lymphadenitis mit vollständiger und teilweiser Verkäsung, teilweise auch mit Erweichung der bis haselnußgroßen retropharyngealen und der oberen zervikalen Lymphknoten beiderseits.

Zahlreiche frische lentikulär tuberkulöse Geschwüre neben einzelnen größeren Geschwüren und neben miliaren und einigen Konglomerattuberkeln im ganzen Dünndarm, am reichlichsten im unteren Ileum, besonders innerhalb der Peyerschen Platten, mit Serosatuberkeln über den größeren Geschwüren. — Lentikuläre tuberkulöse Geschwüre und einige bis über erbsengroße käsige Konglomerattuberkel im Dickdarm bis hinab zum Rectum.

Tuberkulöse Lymphadenitis mit mehr oder weniger gleichmäßiger Verkäsung der bis bohnengroßen mesenterialen Lymphknoten und der bis erbsengroßen Lymphknoten des Mesokolon.

Zahlreiche miliare Tuberkel zum Teil mit Verkäsung in der Milz und tuberkulöse Perisplenitis.

Tuberkulöse Lymphadenitis mit ausgedehnter Verkäsung der bis kirschkerngroßen lienalen Lymphknoten.

Zahlreiche kleinste bis miliare graue Tuberkel und mehrere bis kleinerbsengroße Gallengangstuberkel in der Leber.

Tuberkulöse Lymphadenitis mit teilweiser Verkäsung einiger kleinbohnengroßer Lymphknoten in der Porta hepatis.

Tuberkulöse Lymphadenitis mit teilweiser Verkäsung einiger bis bohnengroßer peripankreatischer Lymphknoten.

Mäßig viele miliare Tuberkel in den Nieren und ein über hanfkorngroßer käsiger Ausscheidungstuberkel in der rechten Niere.

Zwei hanfkorngroße käsige Tuberkel in der vorderen Fläche der linken Nebenniere.

Tuberkulöse Lymphadenitis mit umschriebener Verkäsung der Peripherie einiger bis kleinbohnengroßer oberer paraaortaler Lymphknoten.

Zahlreiche bis über erbsengroße käsige Tuberkel in der Haut des Stammes und der Extremitäten neben einigen Tuberkuliden.

Tuberkulöse Lymphadenitis mit vollständiger Verkäsung und Erweichung der über bohnengroßen äußeren inguinalen Lymphknoten beider Seiten und eines haselnußgroßen kubitalen Lymphknotens rechts sowie je eines kirschkerngroßen axillaren Lymphknotens beider Seiten und miliare Tuberkel in einzelnen hanfkorngroßen axillaren Lymphknoten beiderseits.

Ein kirschkerngroßer verkäster Konglomerattuberkel im linken Thalamus, ein etwas größerer im lateralen Anteile des linken Gyrus frontalis medius; ein über kirschkerngroßer im linken Gyrus frontalis superior; ein kleinerbsengroßer im rechten Lobus occipitalis; ein olivengroßer im rückwärtigen Anteile der linken Insula.

Tuberkulöse Leptomeningitis der Basis des Gehirns mit akutem Hydrokephalus.

Diffuse Verfettung der Leber.

Frei von Tuberkulose:

Gaumentonsillen, Zunge, Larynx und Trachea, Schilddrüse, ebenso Pars oralis und laryngea pharyngis, Oesophagus, Magen, Duodenum, Pankreas, extrahepatische Gallenwege und Gallenblase, Vesica urinaria, Urethra, Prostata, Hoden und Nebenhoden.

Sektions-Nr. 69—570.	Datum: 23./VI. 1924.	Secant: Prof. Ghon.
Anstalt: Allgemeines Krankenhaus.		Abteilung: Prof Jaksch.

Namen: P. E. Alter: 31 a. Beschäftigung: Buchhalter. Dat. d. Todes: 22./VI., ³/₄12 Uhr p.m.	Klinische Diagnose: Endocarditis, Myocarditis.	Pathologisch- anatomische Diagnose: Endocarditis recurrens.

Rekurrierende Endocarditis an den Aortenklappen und an der Mitralklappe mit perforiertem Klappenaneurysma an der hinteren und rechten Aortenklappe, beginnendem Klappenaneurysma am Aortensegel der Mitralklappe und Zerreißung fast aller Sehnenfäden des medialen hinteren Papillarmuskels im linken Ventrikel.

Insuffizienz der Aortenklappen und der Mitralklappe.

Residuen von Endocarditis parietalis in linsengroßer Ausdehnung am Septum ventriculorum unterhalb der rechten Aortenklappe.

Frische verruköse Endocarditis parietalis im linken Vorhofe knapp über dem hinteren Mitralzipfel.

Dilatation des linken Ventrikels mit geringer Hypertrophie und Dilatation des linken Vorhofes.

Hypertrophie des rechten Ventrikels mit mäßiger Dilatation.

Fensterung der Aortenklappen.

Zwei abnorme Sehnenfäden im linken Ventrikel.

Mehrere bis erbsengroße Schwielen im Myokard der hinteren Fläche des linken Ventrikels, besonders im Bereiche seiner Spitze.

Ein Sehnenfleck von 3·5 bis zu 0·6 cm im Epikard der vorderen Fläche des rechten Ventrikels.

Geringe Pericarditis nodosa an der hinteren Fläche des rechten Vorhofes.

Umschriebene verrukös-ulceröse Aortitis am Eingange des rechten Sinus Valsalvae.

Atherosklerose mäßigen Grades im Ramus descendens anterior der linken Koronararterie.

Geringe Atherosklerose im Isthmus aortae, an den Ostien der großen Gefäße, im Arcus aortae, an der Teilungsstelle der beiden Carotiden und Spuren von Intimaverfettung in der Aorta abdominalis.

Stauungshyperämie der Lunge mit einigen bis kirschkerngroßen lobulärpneumonischen Herden.

Katarrhalische Bronchitis.

Chronischer Milztumor mit einem frischen anämischen Infarkt von 4·5 zu 3·5 cm an seiner Basis und 3 cm in seiner Höhe in der vorderen Hälfte des kranialen Pols, mit Follikelhyperplasie und mehrfacher abnormer Kerbung am vorderen Rande.

Stauung in der Leber mit geringer peripherer Verfettung.

Stauungsnieren mit Verfettung der Rinde und mit zahlreichen Suffusionen und Petechien in der Schleimhaut der Calices und der Pelvis renalis. Einige kleine Infarktnarben in den Nieren.

Einige Ekchymosen der Schleimhaut des Larynx.
Suffusionen in der Schleimhaut des Scheitels der Harnblase und Petechien zerstreut in der Schleimhaut ihrer vorderen Wand.
Ödem des Gehirns.
Geringe Stauung im Caecum.
Varizen des Anus.
Follikelhyperplasie im Dünndarm, am Zungengrund, in der hinteren Rachenwand, in den Valleculae und im Sinus piriformis.
Mäßig lipoidreiche Nebennieren.
Ein kleinerbsengroßer subpleuraler abgekapselter Kalkherd in der lateralen Fläche des kranialen Drittels des rechten Oberlappens, dreiquerfingerbreit unter der Spitze und fingerbreit vor dem interlobären Rande.
Umschriebene Verkalkung eines kleinbohnengroßen bronchopulmonalen Lymphknotens an der vorderen Fläche des rechten Lungenhilus.
Umschriebene frische tuberkulöse Hyperplasie einiger über bohnengroßer bronchopulmonaler Lymphknoten in unmittelbarer Umgebung des verkalkten.
Ein kaum mohnkorngroßer subpleuraler Kalkherd in der vorderen Fläche des rechten Unterlappens, 2 cm über dem Margo inferior.
Zwei stecknadelkopfgroße glatte runde Phlebolithen im rechten Oberlappen.
Ein kaum mohnkorngroßer Kalkherd im vorderen Rande des linken Oberlappens an der Grenze zwischen kranialem und mittlerem Drittel.
Ein kaum mohnkorngroßer Kalkherd in einem erbsengroßen intrapulmonalen Lymphknoten des linken Unterlappens.
Umschriebene Verkalkung eines bohnengroßen bronchopulomonalen Lymphknotens an der hinteren Fläche des linken Lungenhilus.
Frische tuberkulöse Hyperplasie der bis haselnußgroßen unteren und oberen tracheobronchialen Lymphknoten beiderseits, der bis bohnengroßen paratrachealen Lymphknoten, besonders rechts, und der haselnußgroßen Lymphknoten im Anonymawinkel.
Paukenhöhlen, Nase und Nebenhöhlen frei von Veränderungen.

Die Aortenklappen untereinander in geringem Ausmaße verwachsen. Alle Klappen an typischer Stelle gefenstert mit Ausnahme der hinteren an ihrer rechten Hälfte. Das Fenster in der rechten Hälfte der linken Klappe ist größer als die anderen Fenster, überschreitet die Verwachsungsstelle der beiden Klappen, reicht bis zum Nodulus der Klappe und ist in diesem Randteile verdickt und gebuchtet. Alle Klappen sind besonders an der Lunula verdickt, die rechte verkürzt und an der Basis geschrumpft. Die hintere Klappe zeigt unter dem Nodulus eine Öffnung von 3 mm im Durchmesser, umgeben von grauroten papillären weichen Exkreszenzen. Solche finden sich in geringerem Grade auch an der rechten Aortenklappe und zum Teil als langgestielte polypöse Exkreszenzen im Winkel zwischen rechter und hinterer Klappe. An der Ventrikelfläche des Aortenzipfels der Mitralis gegenüber dem perforierten Klappenaneurysma der hinteren Aortenklappe ein nicht penetrierender Defekt von 3 mm im Durchmesser, umgeben von warzigen grauroten weichen Exkreszenzen. Die Mitralklappe besonders im Aortenzipfel entlang des freien Randes und der Schließungslinie schwielig verdickt und entlang des hinteren Zipfels von kleinen warzigen grauroten, zum Teil abstreifbaren Exkreszenzen bedeckt. Alle Sehnenfäden des medialen hinteren Papillarmuskels bis auf einen zerrissen, verdickt und von dichtstehenden grauroten, zum Teil noch abstreifbaren Auflagerungen bedeckt. Viele kleine rötlichgraue abstreifbare Exkreszenzen am Endokard der hinteren Hälfte des linken Vorhofes oberhalb des Ventrikelsegels. Im Endokard des linken Ventrikels unterhalb der rechten Aortenklappe eine linsengroße weißlichgraue schwielige Verdickung. — Foramen ovale geschlossen.

Herzmasse:

I. Außenmasse:

Cava sup.-Vorhofwinkel zur Herzspitze . . . . 16·5 cm
Medialer Pulmonal-Ventrikelwinkel zur Herzspitze . . . . . 13·0 cm
Größte Breite. . . . . 12·5 cm
Umfang im Bereiche der Ventrikelbreite . . . . 33·0 cm

II. Innenmasse:

a) Linker Ventrikel:

Unterer Rand der hinteren Aortenklappe bis zur Herzspitze 10·0 cm
Innere größte Breite . . . . 14·0 cm

b) Rechter Ventrikel:

Winkel des vorderen und mittleren Zipfels der Tricuspidalis
bis zur Herzspitze . . . . 9·0 cm

Ventrikelwand links 16 mm
Ventrikelwand rechts 7 mm.

Aorta am Abgange 6·5 cm, am Isthmus 4·5 cm.
Arteria pulmonalis, innere Lichtung, am Abgange 9 cm.

Milz: 20 : 11 : 5 cm. Gewicht 470 g.
Leber: 25 : 21 : 9 cm. Gewicht 1850 g.
Appendix: 8 cm lang.

ABHANDLUNGEN AUS DEM GESAMTGEBIET DER MEDIZIN

Unter ständiger Mitwirkung der Mitglieder des Lehrkörpers
der Wiener medizinischen Fakultät,
herausgegeben von Prof. Dr. Josef Kyrle und Dr. Theodor Hryntschak.

Der heutige Stand der Lehre von den Geschwülsten, im besonderen der Carcinome. Von Dr. Carl Sternberg, o. ö. Professor für pathologische Anatomie an der Universität Wien. (98 S.) 1924.
45.000 Kronen, 2.75 Goldmark, 0.65 Dollar

Die oligodynamische Wirkung der Metalle und Metallsalze. Von Privatdozent Dr. Paul Saxl, Assistent der I. medizinischen Klinik in Wien. (57 S.) 1924. 30.000 Kronen, 1.70 Goldmark, 0.40 Dollar

Sero-, Vaccine- und Proteinkörpertherapie. Von Dr. med. et phil. Bruno Busson, Privatdozent an der Universität Wien. (70 S.)
42.000 Kronen, 2.50 Goldmark, 0.60 Dollar

Die Geschlechtskrankheiten als Staatsgefahr und die Wege zu ihrer Bekämpfung. Von Prof. Dr. Ernst Finger, Vorstand der Klinik für Syphilidologie und Dermatologie der Universität Wien. (69 S.) 1924.
30.000 Kronen, 1.70 Goldmark, 0.40 Dollar

Frühdiagnose und Frühtherapie der Syphilis. Von Professor Dr. Leopold Arzt, Assistent der Universitätsklinik für Dermatologie und Syphilidologie in Wien. Mit zwei mehrfarbigen und einer einfarbigen Tafel. (VI, 84 S.) 1923. 48.000 Kronen, 3 Goldmark, 0.70 Dollar

Herz- und Gefäßmittel, Diuretica und Specifica. Von Dr. Rudolf Fleckseder, Privatdozent an der Universität Wien. (111 S.) 1923.
48.000 Kronen, 3 Goldmark, 0.70 Dollar

Die Ernährung gesunder und kranker Kinder auf Grundlage des Pirquetschen Ernährungssystems. Von Privatdozent Doktor Edmund Nobel, Assistent der Universitätskinderklinik in Wien. Mit elf Abbildungen. (74 S.) 1923. 25.000 Kronen, 1.50 Goldmark, 0.35 Dollar

Die funktionelle Albuminurie und Nephritis im Kindesalter. Von Prof. Dr. Ludwig Jehle, Vorstand der Kinderabteilung der Wiener Allgemeinen Poliklinik. Mit zwei Abbildungen. (68 S.) 1923.
25.000 Kronen, 1.50 Goldmark, 0.35 Dollar

Die klinische Bedeutung der Hämaturie. Von Prof. Dr. Hans Rubritius, Vorstand der urologischen Abteilung der Allgemeinen Poliklinik in Wien. (34 S.) 1923. 18.000 Kronen, 1.05 Goldmark, 0.25 Dollar

In Vorbereitung:

Emphysem und Emphysemherz. Klinik und Therapie. Von Professor Dr. Nikolaus Jagić und Dr. Gustav Spengler.

Über die pharmakologischen Grundlagen der Anwendung organotherapeutischer Präparate. Von Prof. Dr. Richard Wasicky.

Therapie der progressiven Paralyse mit besonderer Berücksichtigung der Malariaimpfbehandlung. Von Dozent Dr. Josef Gerstmann.

Die innere Klinik der Gravidität. Von Prof. Dr. J. Wiesel.

Funktionelle Darmerkrankungen. Von Prof. Dr. Gustav Singer.

VERLAG VON JULIUS SPRINGER IN BERLIN W 9

Handbuch der speziellen pathologischen Anatomie und Histologie.

Bearbeitet von zahlreichen Fachgelehrten.

Herausgegeben von

F. Henke (Breslau) und O. Lubarsch (Berlin).

Soeben erschien der II. Band.

Herz und Gefäße

Bearbeitet von

C. Benda, L. Jores, J. G. Mönckeberg, H. Ribbert†, K. Winkler.

XII und 1159 Seiten mit 292, zum Teil farbigen Abbildungen.
90.— Goldmark; geb. 92.40 Goldmark. Fürs Ausland 21.45 Dollar; geb. 22.— Dollar.

Inhaltsübersicht:

A. Herz. Von Professor Dr. J. G. Mönckeberg-Bonn und Geh. Medizinalrat Professor Dr. Hugo Ribbert†-Bonn. 1. Die Mißbildungen des Herzens. Von Professor Dr. J. G. Mönckeberg-Bonn. 2. Die Erkrankungen des Endokards. Von Geh. Medizinalrat Professor Dr. Hugo Ribbert†-Bonn. 3. Die Erkrankungen des Myokards und des spezifischen Muskelsystems. Von Professor Dr. J. G. Mönckeberg-Bonn. 4. Die Erkrankungen des Herzbeutels. Von Professor Dr. J. G. Mönckeberg-Bonn. — B. Arterien. Von Professor Dr. L. Jores-Kiel. — C. Venen. Von Geheimrat Professor Dr. C. Benda-Berlin. — D. Lymphgefäße. Von Medizinalrat Professor Dr. Karl Winkler-Breslau.

Im Druck befindet sich der VI. Band.

Harnorgane, männliche Geschlechtsorgane

Erster Teil: Bearbeitet von

Georg B. Gruber, Th. Fahr, O. Störk, O. Lubarsch, M. Koch.

Mit etwa 320 Textabbildungen.
Erscheint im Spätherbst 1924.

Das Gesamtwerk ist auf vierzehn Bände berechnet, von denen als weiterer Band zunächst der IV. Band erscheinen wird.

Die einzelnen Bände werden folgende Gebiete behandeln:

Band I: Blut und Knochenmark.	Band IX: Knochen und Muskeln.
Band II: Herz und Gefäße.	Band X: Nervensystem.
Band III: Atmungswege und Lungen.	Band XI: Ophthalmologischer Teil.
Band IV: Verdauungsschlauch.	Band XII: Otologischer Teil.
Band V: Verdauungsdrüsen.	Band XIII: Haut.
Band VI: Harnorgane, männliche Geschlechtsorgane.	Band XIV: Technik der Untersuchungsmethoden der speziellen pathologischen Anatomie u. Histologie.
Band VII: Weibliche Geschlechtsorgane.	
Band VIII: Drüsen mit innerer Sekretion.	

MIX
Papier aus verantwortungsvollen Quellen
Paper from responsible sources
FSC® C105338

If you have any concerns about our products,
you can contact us on
ProductSafety@springernature.com

In case Publisher is established outside the EU,
the EU authorized representative is:
**Springer Nature Customer Service Center GmbH
Europaplatz 3, 69115 Heidelberg, Germany**

Printed by Libri Plureos GmbH
in Hamburg, Germany